Renke Holert

Einführung in die Projektarbeit mit Microsoft Project 2010

Renke Holert

Einführung in die Projektarbeit mit Microsoft Project 2010

Microsoft Press

Renke Holert: Einführung in die Projektarbeit mit Microsoft Project 2010
Microsoft Press Deutschland, Konrad-Zuse-Str. 1, 85716 Unterschleißheim

15 14 13 12 11 10 9 8 7 6 5 4 3 2 1
13 12 11

ISBN 978-3-86645-5-050-9

Fachlektorat: Georg Weiherer, Münzenberg
Korrektorat: Karin Baeyens, Siegen
Layout und Satz: Gerhard Alfes, mediaService, Siegen (www.media-service.tv)
Umschlaggestaltung: Hommer Design GmbH, Haar (www.HommerDesign.com)
Gesamtherstellung: Kösel, Krugzell (www.KoeselBuch.de)

Inhaltsverzeichnis

Einleitung und Danksagung

In diesem Kapitel:

Einleitung

Microsoft Project hat sich in den letzten Jahren zu einer der führenden Lösungen für das unternehmensweite Projektmanagement entwickelt.[1] Gründe hierfür sind zum einen der erweiterte Leistungsumfang von Project selbst. Zum anderen trägt hierzu aber auch die Verfügbarkeit von vielen Zubehörprodukten bei, die die Standardsoftware an die jeweiligen Unternehmensbedürfnisse anpassen. Diese Tendenz hat sich nach unserer Erfahrung mit der vorliegenden Version 2010 weiter verstärkt.

Neben den technischen Verbesserungen hat sich Project in Unternehmen auch deshalb weiter verbreitet, da unsere von hoher Komplexität und Dynamik geprägte Umwelt einen kontinuierlich steigenden Reifegrad beim Management von Projekten erfordert. Diesen Anforderungen ist letztlich nur durch den Einsatz professioneller Methoden und Werkzeuge sowie einer stärkeren Einbeziehung aller Projektbeteiligten zu begegnen.

Aus diesem Grunde haben wir unser Buch *Microsoft Project 2010 – Das Profibuch* konsequent rollenorientiert aufgebaut.[2] Dabei wendet sich das Profibuch an ein sehr breites Spektrum von Lesern, und zwar neben Anwendern, auch an Berater, Administratoren und Entwickler. Zahlenmäßig stellen Letztere nur einen kleinen Prozentsatz der Beteiligten dar. Aber auch bei den Anwendern sind Projektleiter, Projektmitarbeiter, Ressourcenmanager und Führungskräfte von der Anzahl her unterschiedlich groß. Die größte Gruppe stellen die Projektmitarbeiter und die zweitgrößte Gruppe die Projektleiter.

Aus diesem Grund war ein häufig an uns herangetragener Wunsch, die Kapitel für Projektleiter bzw. Projektmitarbeiter als separates Buch zur Verfügung zu stellen, damit dieses als Schulungsunterlage eingesetzt werden kann. Diesem Wunsch tragen wir mit dem vorliegenden Buch gerne Rechnung.

Nachfolgend geben wir einen Überblick, welche Zielsetzung wir im Allgemeinen für das Gesamtwerk und speziell für diese Auskopplung verfolgen. Zusätzlich finden Sie einige Erläuterungen zur Benutzung dieses Buchs.

Zielsetzung

Wir setzen Project seit vielen Jahren im Unternehmen selbst ein und begleiten Unternehmen bei der Einführung und dem Betrieb von Projektmanagementsystemen in betriebswirtschaftlicher und technischer Hinsicht. Hierbei stellten wir immer wieder fest, dass die vorhandene Literatur nicht alles abdeckt, was in der Praxis benötigt wird. Dieses Buch hat sich darum zum Ziel gesetzt, Fehlendes zu ergänzen.

---

[1] *http://www.microsoft.com/presspass/press/2007/jul07/07-03MSProjectMQPR.mspx*

[2] Holert (2011): Microsoft Project 2010 – Das Profibuch

Was es schon gibt und was nicht

Auf dem Markt existieren überwiegend Bücher, die sich in erster Linie an den Projektleiter wenden und diesem als Leitfaden durch das Programm dienen. In unterschiedlicher Ausprägung wird die Programmbedienung um eine allgemeine Einleitung in das Projektmanagement angereichert und es wird auf spezielle Problembereiche, wie den Einsatz der Funktionen zur Teamkommunikation, Multiprojekttechnik und die Zusammenarbeit mit anderen Office-Programmen eingegangen. Einzelne Kapitel sind mitunter der Project Web App oder dem Project Server gewidmet. Je nach Konzept eignen sich diese Werke als Tutorium zum Selbstlernen bzw. als Seminarunterlage für eine Schulung oder dienen als Nachschlagewerk beim Einsatz von Project.[1]

Neben der Literatur in Papierform existieren zahlreiche Quellen im Internet, wie z.B. das Resource Kit, das Software Development Kit, die Knowledge Base, die Foren und die Newsgroups von Microsoft sowie zahlreiche Websites mit häufig gestellten Fragen, Blogs, Glossaren und sonstigen Informationen zu Project von anderen Organisationen und Einzelpersonen.

Daneben existiert viel Erfahrungswissen in den Köpfen der Anwender, Berater, Administratoren und Entwickler, das beim Einsatz von Project gewonnen und nirgendwo niedergeschrieben wurde.

Folgende Informationen gibt es nach wie vor nicht in kompakter Darstellung als Buch:

- Eine Schulungsunterlage für Projektleiter, die auf den unternehmensweiten Einsatz ausgerichtet ist
- Eine Schulungsunterlage für Projektmitarbeiter

Daneben fehlten uns innerhalb der vorhandenen Werke eine Beschreibung folgender Aspekte (oder zumindest Teile hiervon), die wir mit vorliegendem Buch aufgreifen wollen:

- **Aufgabenorientierte Darstellung** im Stile »Das sind meine Aufgaben als Projektleiter, Projektmitarbeiter usw., und so löse ich sie mit Project«
- **Methodische Fundierung** auf Grundlage des Guide to the Project Management Body of Knowledge (PMBOK® Guide), des Standard for Portfolio Management und des Organizational Project Management Maturity Models (OPM3) des Project Management Institute (PMI)
- Eine **Bewertung**, welche Funktionen von Project und seinen Begleitprodukten sich im Praxiseinsatz bis zu welcher Größenordnung bewährt haben und welche nicht
- Bekannte **Programmfehler** und Wege, diese zu umschiffen

---

[1] Einen Literaturüberblick finden Sie unter *http://www.holert.com.*

- Häufige **Bedienungsfehler** und Vorschläge, diese durch Training oder Programmanpassung zu vermeiden
- **Vollständige Integration** des Project Servers, dessen Komponenten, z.B. SharePoint Server, in das Nutzungskonzept und nicht Darstellung als angehängter Sonderteil
- Eine gesamtheitliche Betrachtung des **standort- und unternehmensübergreifenden Einsatzes** von Project
- Eine Aufteilung in **Schritt-für-Schritt-Anleitungen**, die nicht alle möglichenh Wege und Funktionen beschreiben, sondern einen bewährten Weg
- **Verweise auf weitere Informationsquellen**, insbesondere ergänzende Bücher und Internetquellen

Ziel dieses Buchs

Wir haben uns das Ziel gesetzt, mit diesem Buch diese Literaturlücke zu schließen.

Wenn wir vom **Praxiseinsatz** sprechen, dann haben wir eine Reihe von konkreten Unternehmen im Kopf, die wir bei unserer Arbeit kennengelernt haben. Dies sind sowohl die Unternehmen, in denen wir selbst gearbeitet haben und arbeiten, als auch diejenigen, bei denen wir Project eingeführt haben und Unterstützung beim Betrieb leisten. Diese Unternehmen stammen aus unterschiedlichen Branchen und haben unterschiedliche Größen. Dennoch sind die Probleme, die mit einem Projektmanagementsystem gelöst werden sollen, in den Grundzügen immer gleich.

Der Projektleiter muss sicherstellen, dass das **Projektziel** innerhalb des gesteckten Rahmens von u.a. Inhalt und Umfang, Zeit sowie Kosten erreicht wird, sodass der Kunde mit dem Ergebnis zufrieden ist. Aus Sicht der Unternehmensleitung müssen alle Projekte des Unternehmens so geleitet werden, dass erstens alle Kunden zufrieden sind und zweitens das Unternehmen profitabel arbeitet. Das wird eher der Fall sein, wenn alle Projektbeteiligten (Stakeholder) frühzeitig in die Projektplanung involviert werden, sie stets über den Stand des Projekts informiert sind.

Hierzu müssen die Projektbeteiligten, hier die Projektleiter und Projektmitarbeiter, mit den richtigen Werkzeugen und dem Wissen über deren Einsatz in die Lage versetzt werden, diese Aufgaben erfüllen zu können.

Von diesem Ziel leiten sich folgende Teilziele ab:

- **Konzentration auf das Wesentliche** Project und die Project Web App werden oft als »zu komplex« wahrgenommen. Dies führt dazu, dass Neulinge sich »im Wust der Funktionen« verlieren, für sie nicht nachvollziehbare Ergebnisse erzielen und schließlich das Vertrauen in das Projektplanungssystem verlieren. Wir beschränken uns auf die Darstellung der Kernprozesse und des Basiswissens. Immer dort, wo man tiefer einsteigen kann, geben wir einen Hinweis auf andere Quellen, insbesondere auf das Profibuch. Dieses Buch bildet damit gewissermaßen eine Klammer um die bereits vorhandene Literatur.

- **Einbettung in den Gesamtkontext** Projektmanagement ist niemals eine isolierte Einzeldisziplin im Unternehmen. Es bestehen vielmehr enge Zusammenhänge mit dem Unternehmensmanagement. Das Tagesgeschäft und die Abwesenheiten haben Einfluss auf das Projektmanagement; umgekehrt beeinflusst die Projektarbeit die Auslastung der Abteilungen. Gerade bei den Projektmitarbeitern wird der Management-Anteil ihrer Arbeit wie Schätzungen und eine präzise Zeiterfassung oft als lästige Zusatzarbeit empfunden, speziell, wenn Daten mehrfach erfasst werden müssen. Kenntnisse über die jeweils anderen Aufgaben für Projektleiter und Projektmitarbeiter schaffen gegenseitiges Verständnis. Wege, wie die Werkzeuge für das Projektmanagement in die vertrauten Programme wie Microsoft Outlook oder Lotus Notes integriert werden können, bauen Hindernisse ab.
- **Vollständige Orientierung an Project Server** Wir beziehen in jedem Kapitel das gesamte Projektmanagementsystem, also sowohl die Anwendung Project Professional in Verbindung mit Project Server als auch der Project Web App von Project Server selbst, in unsere Ausführungen ein.
- **Praxiserprobte Lösungen** Grau ist alle Theorie und nicht alles was Microsoft verspricht, funktioniert auch in jeder Situation. Wir beschreiben nur Lösungen, die wir auch wirklich schon in Unternehmen eingesetzt haben. Wenn es Einschränkungen, z.B. hinsichtlich der Menge oder Art der Projekte/Ressourcen gibt, dann erwähnen wir dies an den entsprechenden Stellen.
- **Gemeinschaft** Erfolg und auch Freude bei der Arbeit in Projekten hängt auch von einem regen Austausch mit Gleichgesinnten ab. Unser vor einigen Jahren eingerichtetes Onlineforum stellt hierzu einen Rahmen bereit. Zudem haben wir zahlreiche Mitglieder nach der Gründung der deutschen Microsoft Project User Group (MPUG) gefunden. An beiden Orten tauschen sich seitdem viele Projektleiter und Projektmitarbeiter themenzentriert untereinander aus. Sie erreichen das Onlineforum unter *http://www.holert.com/community.* Gerne laden wir Project-Anwender auch zu einem der nächsten Treffen der MPUG ein, senden Sie uns bei Interesse einfach eine E-Mail an *info@holert.com.*

Zielgruppen und Vorgehen

Nachfolgend geben wir einen Überblick über das Modellunternehmen, an dem wir das Projektmanagement beschreiben und die Zielgruppen bzw. Rollen, die wir hierfür verwenden.

Das Musterunternehmen

Wenn wir von Unternehmen und Projekten sprechen, dann haben wir ein Modellunternehmen mit mehreren Standorten im Kopf, das einen Teil seiner Wertschöpfung über Projekte beim Kunden betreibt. Wir haben uns als Beispiel für ein Bauunternehmen entschieden, da sich die meisten Leser hierunter leicht etwas vorstellen können.

Die Projektleiter greifen mit ihrer lokalen Project Installation sowohl in der Zentrale als auch an externen Standorten über Intranet bzw. Extranet oder Internet auf den Project Server zu. Die Mitarbeiter und Kunden greifen über dieselbe Infrastruktur mit dem Internet Explorer 8.0 auf den Project Server zu. Alle Projektpläne werden in der Datenbank von Project Server abgespeichert und werden u.a. für den Offlinezugriff mit der lokalen Project-Installation synchronisiert. Das Unternehmen verwendet Windows 7 als Betriebssystem an den Arbeitsplätzen und Windows Server 2008 R2 auf den Servern. Project Server läuft auf einer Vollversion von SQL Server 2008 R2 inklusive Analysis Services und Reporting Services. Als Groupware ist Outlook 2010 in Verbindung mit Exchange Server 2010 im Einsatz. Project Web App wird auch für die Projektdokumentation und die Verfolgung von offenen Punkten verwendet. Als Verzeichnisdienst ist Active Directory im Einsatz. Da Project Server zwingend Microsoft SharePoint Server 2010 voraussetzt, wird dieses Produkt u.a. auch für unternehmensweite Volltextsuche und Berichterstellung eingesetzt. Alle Projektleiter verfügen über Notebooks, viele Mitarbeiter besitzen zusätzlich ein Windows Phone.

Dieses Unternehmen beschreibt den »Maximalausbau« und ist daher nur als Beispiel zu sehen. Project kann natürlich auch in einer gänzlich anders strukturierten Umgebung, wie auch bei Unternehmen mit anderer Ausrichtung und Größe, eingesetzt werden. In diesem Buch werden wir mögliche Abweichungen in Hinweistexten und Fußnoten erwähnen.

Zielgruppen

Kapitel 1 dieses Buchs beschreibt die Prozesse der Projektleiter, das Kapitel 2 beschreibt die Prozesse der Projektmitarbeiter. Neulinge lesen hier, was sie für den sicheren Einsatz von Project an Wissen benötigen. Für Leser mit Vorkenntnissen eignen sich diese Kapitel als Repetitorium, um sich noch einmal die Kernprozesse zu vergegenwärtigen. Im Einzelnen lesen Sie:

Project für Projektleiter

Der *Projektleiter* ist der Chef des Projekts. Der Projektplan ist sein Eigentum. Er muss dafür Sorge tragen, dass das Projekt innerhalb der gesteckten Ziele zum Abschluss gebracht wird. In diesem Kapitel erfährt er, wie er den Projektplan anlegt, die Vorgänge eingibt, diese strukturiert, Ressourcen einplant, diese informiert und ihre Rückmeldungen in den Plan einpflegt. Ein weiterer Abschnitt beschäftigt sich damit, wie der Projektleiter aus diesen Informationen Berichte, wie z.B. Projektstatusberichte, generiert.

Project für Projektmitarbeiter

Projektmitarbeiter sind die wichtigsten Ressourcen im Projekt. Sie werden je nach ihrer Qualifikation (Skill) angefragt (ob sie bestimmte Aufgaben übernehmen können und wie groß ihr Aufwand hierfür ist). Wenn sie einen Vorgang annehmen, wird dieser in ihre Vorgangsliste bzw. Arbeitszeittabelle übertragen. Über die Project Web App können sie sich einen Überblick über das verschaffen, was zeitlich vor ihren Vorgängen im Projekt abläuft und wofür sie die Voraussetzungen liefern müssen. Während und zum Abschluss ihrer Aufgaben melden sie ihren Ist- und Rest-Aufwand an den Projektleiter zurück.

Vorgehen und Konventionen

In jedem der folgenden Kapitel werden wir wie folgt vorgehen und folgende Konventionen verwenden. Zunächst werden wir den Personenkreis (Rollen), für den das Kapitel bestimmt ist, näher definieren und dessen Ziele darstellen. Dann werden wir die Hauptaufgabe, die dieser Personenkreis im Rahmen des Projektmanagements hat, näher beschreiben und die Teilaufgaben auflisten, die sich hieraus ableiten. Zu den Aufgaben, die sich mit Project lösen lassen, werden wir eine schrittweise Anleitung angeben. Auch wenn es mehrere Lösungswege gibt, zeigen wir stets nur einen, und zwar den, der uns für die jeweilige Aufgabenstellung am besten erscheint. Zu den Aufgaben, die nicht mit Project lösbar sind (und wo immer dies sonst möglich ist), werden wir Ansätze und Verweise auf weitere Quellen einfügen.

Im laufenden Text und in der Marginalspalte werden wir folgende Bezeichnungen verwenden:

ACHTUNG Hinweise, um unerwünschte Effekte zu vermeiden

HINWEIS Wissenswerte Zusatzhinweise für ein tieferes Verständnis

TIPP Tipps und Tricks

NEU IN 2010 Neue Funktionen in Project 2010

BESSER IN 2010 In Project 2010 verbesserte Funktionen

Menübefehle, Optionen und Feldbezeichnungen in Project werden *kursiv* dargestellt, Listings in `nicht-proportionaler` Schrift. Wir verwenden geschlechtsneutrale Bezeichnungen. Ist dies nicht möglich, verwenden wir die maskuline, da diese in der Regel einfacher und kürzer ist, so z.B. beim Begriff »Projektleiter«. Wir meinen damit aber selbstverständlich auch weibliche Projektleiterinnen.

Danksagung

Besonderer Dank gilt Arne Zwirner. Er hat die Aktualisierung des Kapitels 2 übernommen. Zudem hat er das Kapitel 1 redigiert.

Auch danken möchte ich folgenden Menschen: Heike Außel, Any Krusche, Thomas Pohlmann und Florian Helmchen sowie Georg Weiherer.

Weiterhin sprechen wir hiermit allen Kunden, Nutzern der Online Community und Partnern unseren Dank aus, die uns beim Korrigieren der Kapitel unterstützt haben und/oder durch ihre Problemstellungen häufig auch als Ideengeber mancher Inhalte des Buchs zur Verfügung standen.

Nicht zuletzt möchten wir auch unseren Familien und Freunden insbesondere Lisa, Heike, Susanne und Rolf danken, die uns während dieses Buchprojekts immer sehr tatkräftig unterstützt und viel Verständnis für die doch recht knappe Freizeit aufgebracht haben.

Wir wünschen Ihnen und Ihren Kollegen viel Spaß bei der Lektüre und einen erfolgreichen Einsatz von Microsoft Project. Wir freuen uns über jedes Feedback, z.B. in unserer Online Community unter *http://www.holert.com/community.*

Im Namen aller Mitwirkenden

Renke Holert
(renke@holert.com)

Kapitel 1

Project für Projektleiter

In diesem Kapitel:

Dieses Kapitel richtet sich an *Projektleiter*, die bereits Vorkenntnisse in Microsoft Project mitbringen, sowie auch an Neulinge im Umgang mit Project. Für Erstere eignet es sich als Repetitorium, um sich die Kernprozesse und die wichtigsten Funktionen für die tägliche Arbeit mit Project noch einmal zu vergegenwärtigen. Für die zweite Gruppe dient dieses Kapitel als Überblick über den Umgang mit Project und als Arbeitsunterlage für Qualifizierungsmaßnahmen im Unternehmen. Weitere Informationen können beide Gruppen über die angegebenen Querverweise beziehen.

Methodisch basiert das Kapitel auf dem Guide to the Project Management Body of Knowledge (PMBOK® Guide Fourth Edition) des Project Management Institutes (PMI). Wir verwenden in diesem Buch die Begrifflichkeit der offiziellen deutschen Übersetzung und nennen an wichtigen Stellen zusätzlich die englischsprachigen Bezeichnungen. An wenigen Stellen weichen wir von der offiziellen Übersetzung ab, u.a. dann, wenn es einen treffenderen deutschen Begriff gibt, der auch in Project verwendet wird. Wir weisen an den entsprechenden Stellen in einer Fußnote darauf hin.

Projektphasen und Projektmanagementprozesse

Als *Projektleiter* wird von Ihnen im Unternehmen erwartet, dass Sie Ihre Projekte über den gesamten Projektablauf leiten. Die Projektabläufe unterschiedlicher Projekte bestehen in der Regel aus verschiedenen *Projektphasen*. Diese variieren in der Bezeichnung und Anzahl. In einem Bauprojekt können bestimmte Projektphasen beispielsweise Bauplanung oder Rohbau heißen.[1]

Abbildg. 1.1 Projektphasen und Projektmanagementprozessgruppen

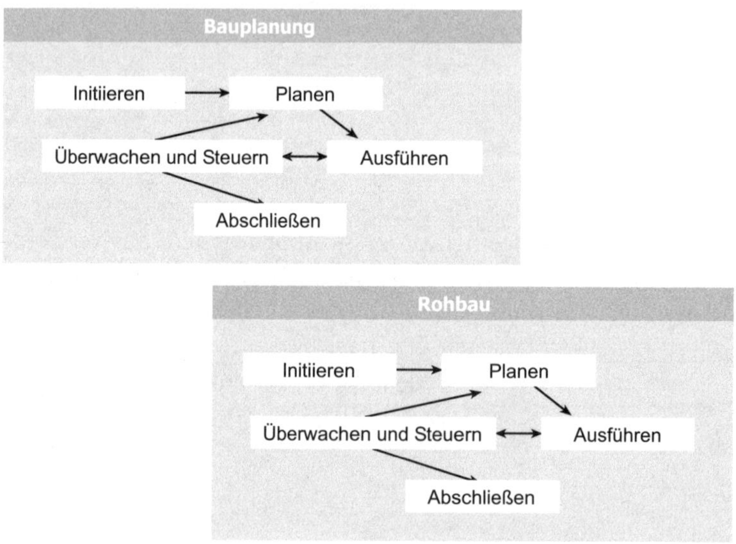

[1] Nach der Honorarordnung für Architekten und Ingenieure werden z.B. folgende Phasen unterschieden Grundlagenermittlung, Vorplanung, Entwurfsplanung, Genehmigungsplanung, Ausführungsplanung, Vorbereitung der Vergabe, Mitwirkung bei der Vergabe, Objektüberwachung sowie Objektbetreuung und Dokumentation (vgl. HOAI 2002, § 15).

Auch wenn Anzahl und Bezeichnung der Projektphasen in jedem Projekt unterschiedlich sind, finden innerhalb der Phasen jeweils die gleichen Projektmanagementprozesse statt. Entsprechend des PMBOK® Guide werden diese Projektmanagementprozesse zu den folgenden Projektmanagementprozessgruppen zusammengefasst:[1]

- Initiierungsprozessgruppe
- Planungsprozessgruppe
- Ausführungsprozessgruppe
- Überwachungs- und Steuerungsprozessgruppe
- Abschlussprozessgruppe

Abbildg. 1.2 Projektmanagementprozessgruppen

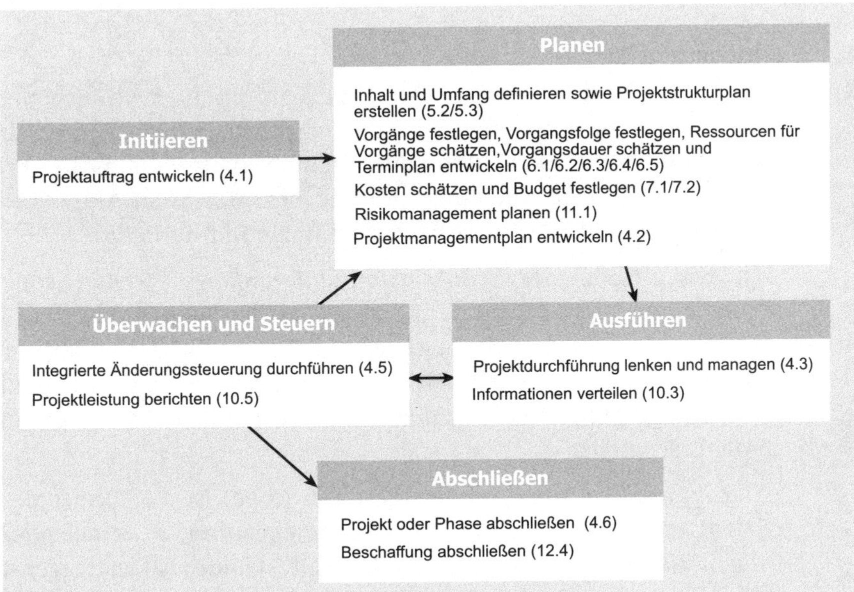

Jede dieser Projektmanagementprozessgruppen besteht aus verschiedenen Einzelprozessen.[2] In Abbildung 1.2 listen wir die Prozesse auf, die wir in diesem Kapitel beschreiben. Die Auswahl beruht auf der in vorherigen Ausgaben des PMBOK® Guide getroffenen Unterscheidung nach Kernprozessen und Unterstützungsprozessen. Die Unterscheidung wurde zwar in der aktuellen Ausgabe aufgehoben und unterstreicht damit die Bedeutung aller Projektmanagementprozesse, dient uns jedoch weiterhin als Leitfaden für die Auswahl. Weiterhin konzentrieren wir uns auf die Prozesse, die durch Project unterstützt werden können. Das bedeutet jedoch nicht, dass Prozesse, die hier nicht beschrieben werden, nicht mit Project unterstützt werden können. Wir weisen in den folgenden Abschnitten auf die nicht

---

1 Vgl. PMBOK 2008 D, S. 39

2 Vgl. PMBOK 2008 D, S. 43

beschriebenen Prozesse hin und empfehlen für weitere Informationen den PMBOK® Guide an den entsprechenden Stellen zu Rate zu ziehen.

HINWEIS Die Prozesse für das Personalmanagement in Projekten (Project Human Resource Management), die in der Regel mit Unterstützung oder durch einen Ressourcen-Manager ausgeführt werden, sind *Personalbedarfsplan entwickeln* (9.1 Develop Human Resource Plan), *Projektteam zusammenstellen* (9.2 Acquire Project Team), *Projektteam entwickeln* (9.3 Develop Project Team) und *Projektteam managen* (9.4 Manage Project Team). Der Ressourcen-Manager kann den Projektleiter zudem beim Prozess *Ressourcen für Vorgänge schätzen* (6.3. Estimate Activity Resources) unterstützen.[1]

Bevor wir die Umsetzung der Kernprozesse in Project beschreiben, stellen wir die Definition der wichtigsten Begriffe vor.

Inhalt und Umfang

Ein Projekt beginnt mit einer Idee, einer Anfrage oder Ähnlichem, die zunächst als grobe Beschreibung mündlich oder schriftlich festgehalten wird. Hieran knüpft sich eine stärkere Detaillierung dessen an, was als Ergebnis des Projekts entstehen soll (Produktinhalt und -umfang) und dessen, was an Aktivitäten notwendig ist, um das Ergebnis zu erreichen (Projektinhalt und -umfang).

Die Beschreibung des *Produktinhalts und -umfangs* (Product Scope) ist weitgehend synonym mit dem Begriff der Leistungsbeschreibung und umfasst sowohl Sach- als auch Dienstleistungen. Sie beschreibt die an den Kunden zu übergebende (Gesamtend-)Leistung mit ihren Bestandteilen (Teilleistungen). Oft ist die Beschreibung von Produktinhalt und -umfang auch Bestandteil eines sogenannten Pflichten- oder Lastenhefts.[2]

Der *Projektinhalt und -umfang* (Project Scope) ist die (Projektgesamt-)Leistung.[3] Diese umfasst also alle während der Projektlaufzeit zu erstellenden Teilleistungen, die in der deutschen Ausgabe des PMBOK® Guide als Liefergegenstände (Deliverables) bezeichnet werden. In Project heißen diese *Lieferumfänge*. Diese Liefergegenstände können im Projektstrukturplan (PSP=WBS=Work Breakdown Structure) hierarchisch dargestellt werden.[4] Einen Liefergegenstand auf unterster Ebene nennt man *Arbeitspaket* (Work Package).[5]

Diese Arbeitspakete bilden die Grundlage für die Vorgänge, wobei die Begriffe *Aufgabe* (Task), *Aktivität* (Activity) und *Vorgang* weitestgehend synonym sind. In Project wird nur von Vorgang gesprochen. Sofern ein Vorgang sich in weitere Vorgänge

---

1 Vgl. Holert 2011, S. 139-184

2 Vgl. PMBOK 2008 D, S. 103

3 Vgl. PMBOK 2008 D, S. 103

4 Im PS-Modul von SAP R/3 heißen die Liefergegenstände *PSP-Elemente*

5 Vgl. DIN 69 901

untergliedert, heißen diese in Project *Teilvorgänge*. Der übergeordnete Vorgang heißt dann *Sammelvorgang*.

Initiierungsprozesse

Ziel der *Initiierungsprozesse* ist es, u.a. eine Entscheidungsgrundlage zu schaffen, ob das Projekt freigegeben bzw. in die nächste Phase überführt wird oder nicht (Autorisierung). Die Freigabe in einer sehr frühen Phase kann z.B. bedeuten, dass als nächste Phase eine Machbarkeitsstudie und Aufwandschätzung erstellt wird. In einer späteren Phase kann dieses den Beginn der eigentlichen Planungsphase bedeuten.

Zur Initiierungsprozessgruppe gehört der Prozess *Projektauftrag entwickeln* (4.1 Develop Project Charter), den wir nachfolgend beschreiben. Der zweite Prozess ist *Stakeholder identifizieren* (10.1 Identify Stakeholders).[1]

Als Grundlage für den Prozess *Projektauftrag entwickeln* benötigt man u.a. die Leistungsbeschreibung und den Business Case (Eingangswerte). Am Ende des Prozesses gibt es einen Projektauftrag, der u.a. das Projekt rechtfertigt und den Projektleiter definiert (Ausgangswerte). Der Projektauftrag kann u.a. mithilfe von Expertenbeurteilung (Werkzeuge und Methoden) entwickelt werden.[2]

Der Prozess *Projektauftrag entwickeln* erfolgt projektextern z.B. durch Experten im Rahmen des Programm- oder Portfolio-Managements.[3] Zu den Inhalten des Projektauftrags gehören u.a. die Festlegung der Projektziele, ein zugewiesener Projektleiter, ein Meilensteinplan und ein Gesamtbudget.[4] Diese Inhalte können Sie in den Projektfeldern oder einem Dokument hinterlegen, das Sie in der Projektwebsite speichern. Voraussetzung hierfür ist, dass Sie einen Projektplan mit in Project Server speichern. Sofern Sie den Prozess der Erstellung über einen festgelegten Ablauf steuern möchten, können Sie hierzu das Vorschlagswesen der Project Web App einsetzen.[5]

In diesem Kapitel beschreiben wir, wie Sie die Projektstammdaten in Project erfassen, die Projektwebsite erstellen und den Projektantrag[6] in Form eines Dokuments mit den zugehörigen Dokumenten in der Projektwebsite ablegen. Führen Sie folgende Schritte aus:

1. Öffnen Sie Project mit Verbindung zu Project Server.

---

1 Vgl. PMBOK 2008 D, S. 43-45

2 Vgl. PMBOK 2008 D, S. 73-78

3 Vgl. Holert 2011, S. 219-220

4 Wir verwenden Meilensteinplan und Gesamtbudget abweichend als Übersetzung für Summary milestone schedule und Summary budget (vgl. PMBOK 2008 D, S. 77)

5 Vgl. Holert 2011, S. 185-229

6 Wir werden den Begriff »Projektvorschlag« als Synonym u.a. für die Begriffe Projektantrag, Projektanforderung. Anforderung und Bedarfsmeldung verwenden.

HINWEIS Wenn Sie einen neuen Projektplan auf Basis einer Vorlage erstellen möchten, folgen Sie der im Abschnitt »Inhalt und Umfang definieren sowie Projektstrukturplan erstellen« ab Seite 25 beschriebenen Vorgehensweise.

Falls Sie bereits aus einer vorherigen Phase einen Projektplan vorliegen haben, überspringen Sie das Speichern und Veröffentlichen und überarbeiten nur die vorhandenen Inhalte.

2. Klicken Sie auf das *Speichern*-Symbol in der Symbolleiste, wie nebenstehend abgebildet.

Abbildg. 1.3 Projektstammdaten festlegen

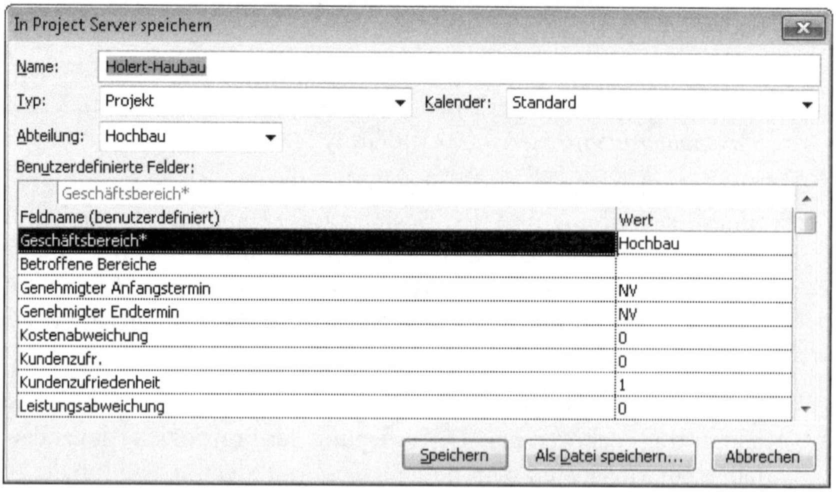

3. Geben Sie im Feld *Name* den Projektnamen ein.

NEU IN 2010

4. Wählen Sie im Dropdownlistenfeld die *Abteilung* aus, die das Projekt ausführt. Hierdurch werden nur die relevanten Projektfelder (Projektstammdaten) dieser Abteilung angezeigt.

HINWEIS Felder, die mit einem Sternchen gekennzeichnet sind, sind Pflichtfelder, die Sie zwingend ausfüllen müssen, bevor Sie den Projektplan speichern können.

5. Legen Sie die Stammdaten des Projekts, wie z.B. Projektziele und Gesamtbudget, fest (Abbildung 1.3) und klicken Sie auf die Schaltfläche *Speichern*.

HINWEIS Falls der Projektplan bereits in einer vorherigen Phase die Planungsprozesse durchlaufen hat, können Ihnen die berechneten Gesamtkosten aus der Projektstatistik (*Datei/Informationen/Projektinformationen/Projektstatistik*) für die Ermittlung des Gesamtbudgets helfen.

Abbildg. 1.4 Erweiterte Eigenschaften des Projektplans aufrufen

6. Nachdem der Projektplan abgespeichert wurde, rufen Sie im Menüband auf der Registerkarte *Datei* die Seite *Informationen* auf. Wählen Sie im rechten Bereich der Seite im Dropdownlistenfeld *Projektinformationen* den Befehl *Erweiterte Eigenschaften* aus.

Abbildg. 1.5 Projektleiter festlegen

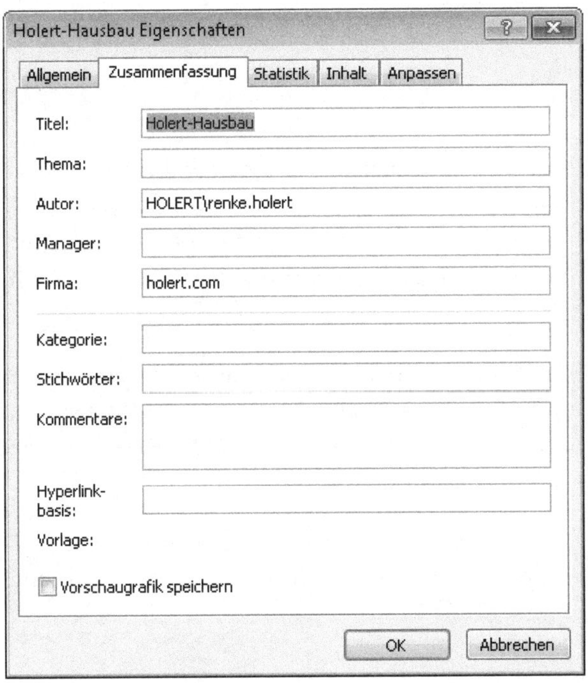

7. Tragen Sie auf der Registerkarte *Zusammenfassung* im Feld *Manager* den Namen des vorgesehenen Projektleiters ein.
8. Geben Sie ggf. Meilensteine in der Vorgangsliste ein, um einen Meilensteinplan zu erstellen (siehe hierzu den Abschnitt »Vorgänge festlegen, Vorgangsfolge festlegen, Ressourcen für Vorgänge schätzen, Vorgangsdauer schätzen und Terminplan entwickeln« ab Seite 31).

Um den Projektauftrag und weitere Dokumente, wie z.B. die Leistungsbeschreibung, als Worddokument (*.docx*) oder eine technische Zeichnung als AutoCAD-Zeichnung (*.dwg*) auf dem Project-Server abzulegen, gehen Sie dazu folgendermaßen vor.

1. Falls noch nicht geschehen, veröffentlichen Sie das Projekt (*Datei/Veröffentlichen*).
2. Bestätigen Sie die Meldung, dass das Projekt gespeichert werden muss, mit der Schaltfläche *OK*.

Abbildg. 1.6 Projektwebsite bei Projektveröffentlichung erstellen

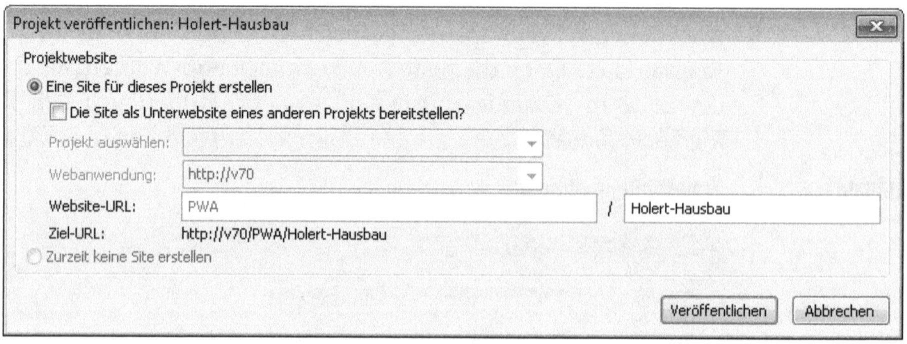

3. Falls das Projekt ein Teilprojekt eines anderen Projekts ist, aktivieren Sie das Kontrollkästchen *Die Site als Unterwebsite eines anderen Projekts bereitstellen* und wählen Sie in dem Feld *Projekt auswählen* das übergeordnete Projekt aus.
4. Klicken Sie auf die Schaltfläche *Veröffentlichen*, um den Veröffentlichungsvorgang zu starten.

HINWEIS Es handelt sich beim Veröffentlichen um einen asynchronen Prozess, der im Hintergrund auf dem Project-Server ausgeführt wird. In der Statusleiste von Project wird der Fortschritt angezeigt. Warten Sie, bevor Sie fortfahren, bis der Vorgang abgeschlossen ist.

5. Klicken Sie im Menüband auf die Registerkarte *Datei* und wählen Sie die Seite *Informationen* aus. Rufen Sie im rechten Bereich der Seite *Informationen* unter *Verwandte Einträge* die Schaltfläche *Dokumente* auf (Abbildung 1.4.)

Abbildg. 1.7 Auswahl des Ablageorts

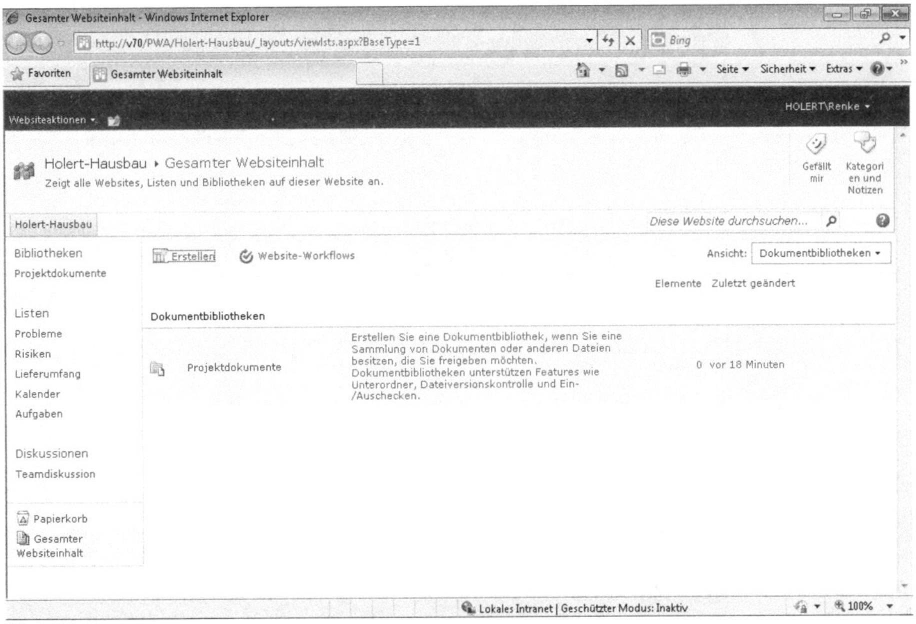

6. Wählen Sie die Dokumentbibliothek *Projektdokumente* aus (Abbildung 1.7).

Abbildg. 1.8 Dokumentbibliothek *Projektdokumente*

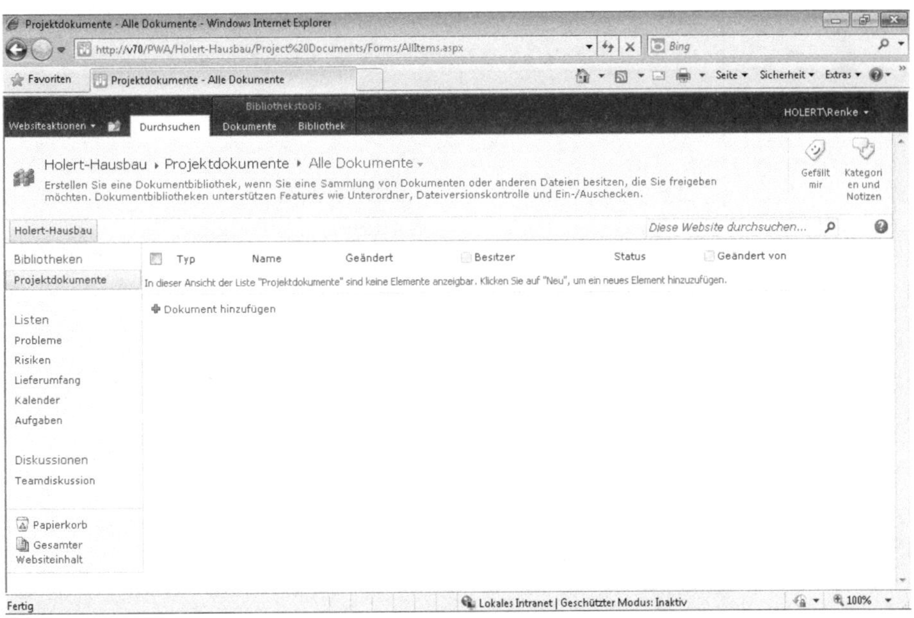

7. Klicken Sie auf die Verknüpfung *Dokument hinzufügen*.

Abbildg. 1.9 Auswahl des Dokuments

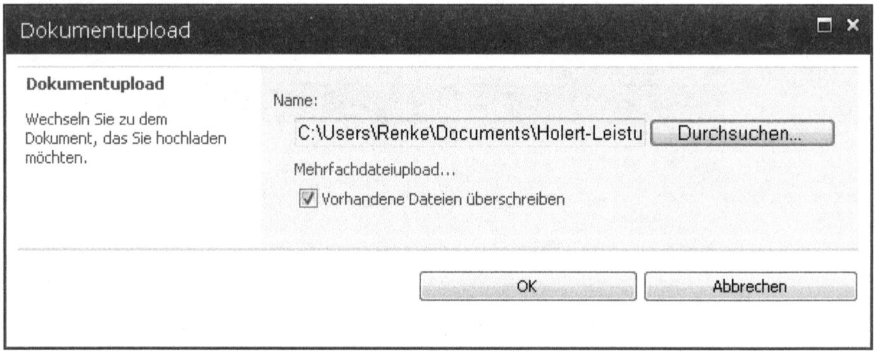

8. Klicken Sie auf die Schaltfläche *Durchsuchen*, wählen Sie das Dokument aus, und bestätigen Sie das Dialogfeld mit der Schaltfläche *OK*.

Abbildg. 1.10 Eingabe der Dokumenteigenschaften

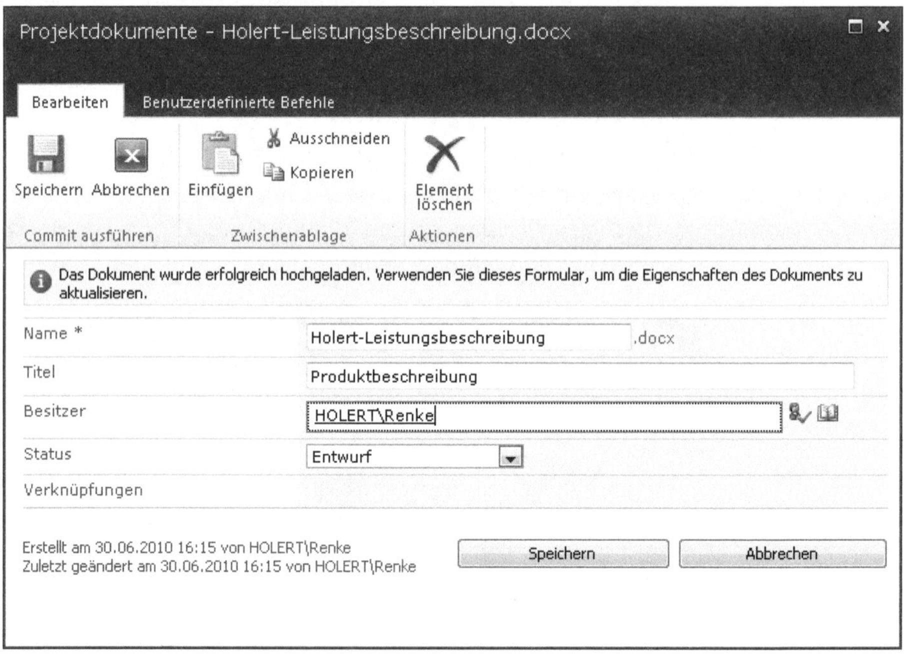

9. Geben Sie im Feld *Titel* den Dokumenttitel ein.

10. Geben Sie im Feld *Besitzer* den Namen desjenigen ein, der für das Dokument verantwortlich ist. Klicken Sie danach auf das nebenstehend gezeigte Bestätigungssymbol.
11. Klicken Sie auf die Schaltfläche *Speichern*, um das Dialogfeld zu schließen.

Auf die gleiche Art und Weise können Sie weitere zum Projektauftrag gehörende Dokumente zentral ablegen, sodass diese für alle Projektbeteiligten zugänglich werden.[1]

Planungsprozesse

Nach der Freigabe in der Initiierung kann mit den *Planungsprozessen* (Planning processes) begonnen werden. Entsprechend der Definition des PMIs müssen die Planungsprozesse in jeder Phase ausgeführt werden. Dabei sind diese tendenziell in einer frühen (Planungs-)Phase des Projekts, wie z.B. einer Pilotstudie, stärker ausgeprägt, als in einer späteren, wie z.B. der Rohbauphase. Ziel ist eine möglichst präzise gedankliche Vorstrukturierung der späteren Ausführung. Hierzu gehören u.a. folgende Prozesse, die im Folgenden ausführlich darstellt werden:

1. Inhalt und Umfang definieren sowie Projektstrukturplan erstellen (5.2/5.3)
2. Vorgänge festlegen, Vorgangsfolge festlegen, Ressourcen für Vorgänge schätzen, Vorgangsdauer schätzen und Terminplan entwickeln (6.1, 6.2, 6.3, 6.4, 6.5)
3. Kosten schätzen und Budget festlegen (7.1/7.2)
4. Risikomanagement planen (11.1)
5. Projektmanagementplan entwickeln (4.3)

Weitere Prozesse sind *Anforderungen sammeln* (5.1), *Qualität planen* (8.1), *Personalbedarfsplan entwickeln* (9.1), *Kommunikation planen* (10.2), *Risiken identifizieren*, *Qualitative Risikoanalyse* und *Quantitative Risikoanalyse durchführen* sowie *Risikobewältigungsmaßnahmen planen* (11.2/11.3/11.4/11.5) als auch *Beschaffung planen* (12.1).

Inhalt und Umfang definieren sowie Projektstrukturplan erstellen

Ziel der nachfolgend zusammengefassten Prozesse *Inhalt und Umfang definieren* (5.2 Define Scope) und *Projektstrukturplan erstellen* (5.3 Create WBS) ist die Detaillierung der Projektgesamtleistung.[2]

Eingangswerte der Prozesse sind u.a. Vorlagen und der Projektauftrag einschließlich der Leistungsbeschreibung. Ausgangswerte sind u.a. der Projektstrukturplan (PSP).[3] Dieser bricht Projektinhalt und -umfang in einzelne Liefergegenstände herunter, die während des Projektverlaufs erstellt werden müssen, um den Produkt-

---

1 Mehr Informationen zu Dokumentenmanagement finden Sie im Verlauf dieses Kapitels und in Dreyer/Lesser/Scheder 2010

2 Synonyme sind u.a. Projektarbeit sowie Projektinhalt und -umfang

3 Vgl. PMBOK 2008, S. 112-121

inhalt und -umfang zu erstellen. Als Werkzeuge und Methoden dient u.a. die Zerlegung.[1]

Wenn nicht bereits in einer vorhergehenden Projektphase ein Projektstrukturplan erstellt worden ist, kann auf eine Vorlage (Enterprise-Vorlage) zurückgegriffen werden. Gehen Sie dazu folgendermaßen vor:

1. Klicken Sie im Menüband auf die Registerkarte *Datei* und wählen Sie den Befehl *Neu*.
2. Wählen Sie im Bereich *Verfügbare Vorlagen* im Abschnitt *Start* die Schaltfläche *Project Server-Vorlagen* aus.

Abbildg. 1.11 Unternehmensvorlage auswählen

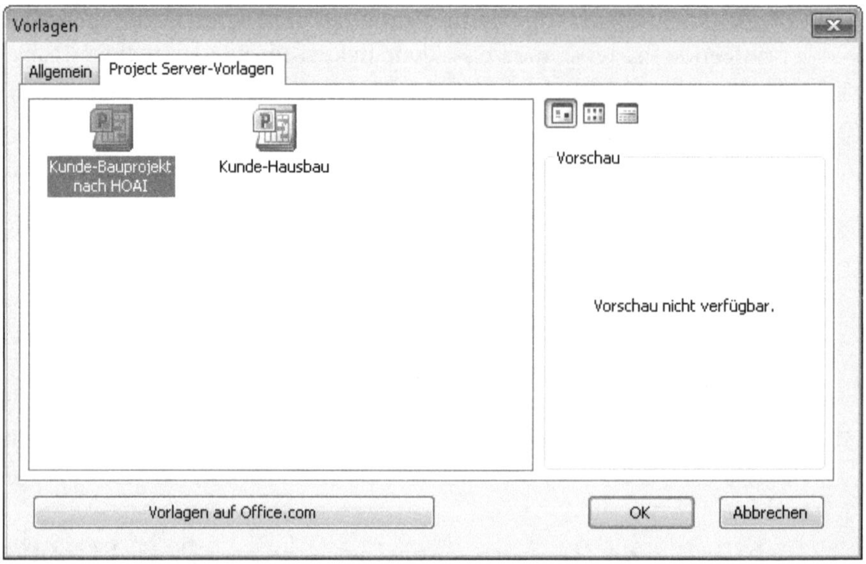

3. Wechseln Sie im Dialogfeld *Vorlagen* auf die Registerkarte *Project Server-Vorlagen*.
4. Wählen Sie eine geeignete Vorlage aus und klicken Sie dann auf die Schaltfläche *OK*.

HINWEIS Project Server-Vorlagen sind zentral auf dem Project-Server gespeichert und stehen damit allen Projektleitern Ihrer Organisation zur Verfügung.[2]

Auf Basis der Vorlage oder eines aus einer früheren Phase vorliegenden Projektplans überarbeiten Sie die bestehende Struktur der Projektarbeit (Zerlegung). Als Gliederungskriterium können Sie z.B. den Reifegrad des Produkts (Phase, Projekt-

[1] Bewährte Verfahren für die Strukturierung bzw. Zerlegung finden Sie z.B. im Buch »Practice Standard for Work Breakdown Structures« vom PMI (*http://www.holert.com/literatur*)

[2] Vgl. Holert 2011, S. 461-462

lebenszyklus) oder die Struktur des Produkts (Leistung, Objekt) verwenden. Die Auswahl des Strukturierungskriteriums hängt von der Art des Projekts ab. Die Detaillierungstiefe (Detaillierungsgrad) sollte so bemessen werden, dass eine angemessene Schätzung der Kosten und Dauer möglich ist.

In Project gibt es keine spezielle Projektstruktur-Ansicht. Es ist jedoch möglich, die *Vorgangsliste* zu verwenden, die z.B. in den Balkendiagramm-Ansichten verfügbar und gliederbar ist. Die Darstellung ist somit nicht losgelöst von der Reihenfolge der später nach PMI zu definierenden Vorgänge. Sofern die Projektstruktur jedoch nach dem Reifegrad gebildet wird, wie in unserem Beispiel, stellt das keine Einschränkung dar. Wenn Sie jedoch die Projektstruktur objektorientiert ausprägen möchten, dann zeigen wir weiter unten, auf welche Art und Weise Sie dies umsetzen können.

Um die Vorgangsliste nach dem Reifegrad zu strukturieren (zu zerlegen), führen Sie folgende Schritte aus:

Abbildg. 1.12 Feststellen der Hauptliefergegenstände

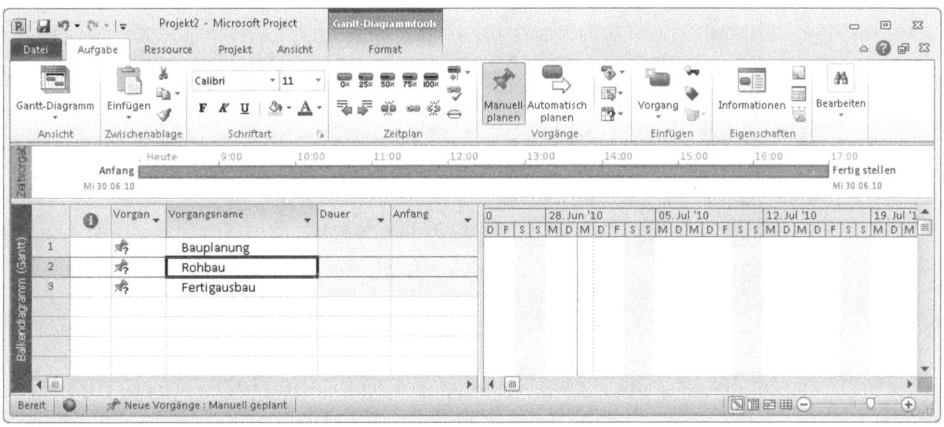

1. Wechseln Sie im Projektplan in die Ansicht *Gantt-Diagramm* (*Aufgabe/Ansicht/Gantt-Diagramm*).

NEU IN 2010

Standardmäßig werden Vorgänge mit dem Vorgangsmodus *Manuell geplant* angelegt. In diesem Modus werden nur die Daten angezeigt, die vom Benutzer eingegeben wurden und keine Daten aufgrund von anderen Einstellungen berechnet. Gerade im Prozess *Projektstrukturplan erstellen* (5.3. Create WBS) steigert dies die Übersichtlichkeit.

2. Geben Sie in der Spalte *Vorgangsname* die Hauptliefergegenstände ein.

TIPP Wir empfehlen aus Gründen der Handhabbarkeit in Project, die Vorgangsliste chronologisch zu gliedern. In unserem Beispiel haben wir daher die Vorgänge der obersten Gliederungsebene entsprechend der Bauphasen »Bauplanung«, »Rohbau« und »Fertigausbau« angelegt.

3. Entscheiden Sie, ob im derzeitigen Detaillierungsgrad eine angemessene Schätzung der Kosten und der Dauer möglich ist. Falls dies nicht möglich ist, führen Sie Schritt 4 aus, andernfalls fahren Sie mit Schritt 6 fort.

ACHTUNG Gliedern Sie den Plan nicht zu fein und beschreiben Sie dafür die Teilleistungen ausführlich im Notizfeld. Falls dieses nicht ausreicht, erstellen Sie ein weiteres Dokument, z.B. in Microsoft Word, das Sie mit dem entsprechenden Vorgang verknüpfen (siehe den Abschnitt »Initiierungsprozesse « ab Seite 19).

Versuchen Sie zudem, Teilleistungen so zu definieren, dass Sie möglichst wenige Abhängigkeiten mit anderen Teilleistungen haben. So vermeiden Sie bereits im Vorfeld eine schwer zu handhabende Komplexität.

Abbildg. 1.13 Untergliedern des Liefergegenstands

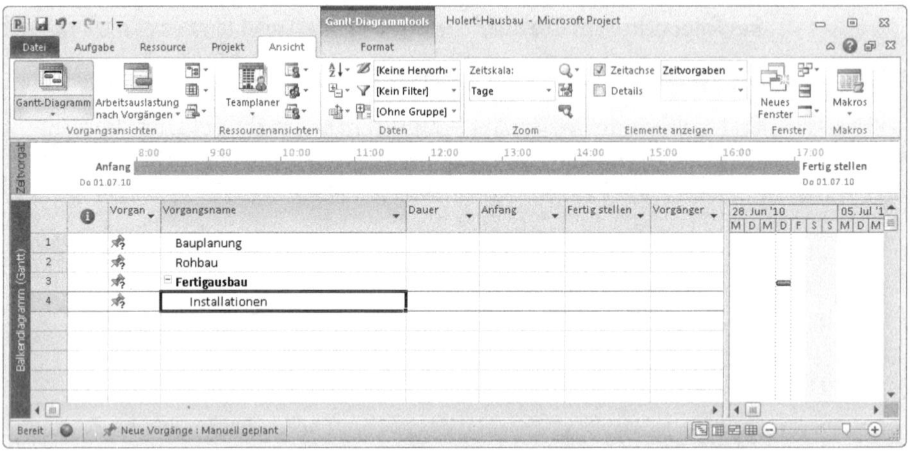

4. Fügen Sie neue Liefergegenstände ein (*Aufgabe/Einfügen/Vorgang/Vorgang*[1]).

5. Untergliedern Sie die neuen Liefergegenstände, indem Sie auf die nebenstehend gezeigte Schaltfläche *Vorgang tiefer stufen* (*Aufgabe/Zeitplan*) klicken.

HINWEIS Falls Ihnen beim Bearbeiten des Projektplans ein Fehler passiert ist, können Sie standardmäßig bis zu 20 Schritte rückgängig machen. Wählen Sie dazu das *Rückgängig*-Symbol in der Symbolleiste für den Schnellzugriff aus. Sie können die Anzahl der Schritte bis auf 99 erhöhen (*Datei/Optionen/Erweitert/Allgemein/Ebenen rückgängig machen*).

6. Prüfen Sie die Richtigkeit der Strukturierung. Stufen Sie ggf. Vorgänge hoch oder verschieben Sie diese.

TIPP Mit dem Add-On *WBS Chart Pro* können Sie die Projektstruktur auch grafisch in Form von Kästchen analog eines Organigramms darstellen.[2]

[1] In allen bisherigen deutschen Übersetzungen von Project wurde der englische Begriff *Task* durchgängig mit *Vorgang* übersetzt. In dieser Version wurde die Registerkarte *Task* abweichend mit *Aufgabe* übersetzt.

Falls Sie für Ihr Projekt eine reine Strukturansicht z.B. nach dem Objekt benötigen, können Sie die Struktur durch einen Gliederungscode nachbilden und eine spezielle Ansicht schaffen, die hiernach gruppiert. Gehen Sie dazu folgendermaßen vor:

1. Wählen Sie auf der Registerkarte *Projekt* in der Gruppe *Eigenschaften* den Befehl *Benutzerdefinierte Felder* aus.

ACHTUNG Verwenden Sie kein Enterprise-Feld, da sonst die Struktur für alle Projekte unter Project Server gleich definiert würde.

2. Wählen Sie im Feld *Typ* den Eintrag *Gliederungscode* aus.
3. Wählen Sie z.B. das Feld *Gliederungscode1* aus und benennen Sie dieses z.B. in *PSP* um.

HINWEIS Sie können auch das Standardfeld *PSP-Code* (Registerkarte *Projekt* in der Gruppe *Eigenschaften/PSP-Code*) verwenden, allerdings bietet Ihnen dies nicht die Möglichkeit, eine Auswahlliste anzuzeigen.

4. Klicken Sie im Dialog *Benutzerdefiniertes Feld* im Bereich *Benutzerdefinierte Eigenschaften* auf die Schaltfläche *Suchen.*

Abbildg. 1.14 Projektstruktur definieren

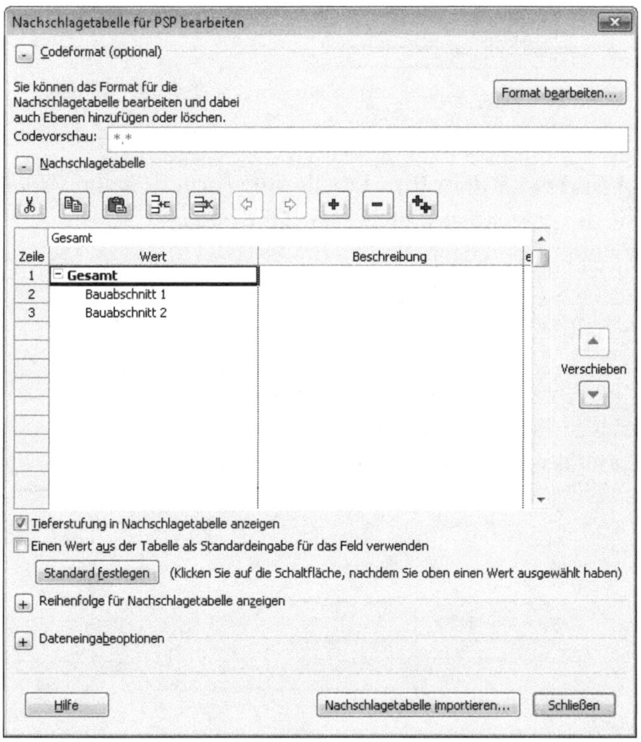

[2] Vgl. *http://www.holert.com/wbschartpro*

5. Klicken Sie auf die Plus-Schaltfläche vor dem Abschnitt *Codeformat (optional)* und anschließend auf die Schaltfläche *Format bearbeiten.*
6. Legen Sie z.B. für die Ebene 1 bis 2 als *Zeichenfolge* den Wert *Zeichen* an und klicken Sie auf die Schaltfläche *OK.*
7. Klicken Sie – falls erforderlich – auf die Plus-Schaltfläche vor dem Abschnitt *Nachschlagetabelle* und geben Sie die Namen der Liefergegenstände hierarchisch ein (Abbildung 1.14).
8. Wenn Sie fertig sind, klicken Sie auf die Schaltfläche *Schließen* und danach auf die Schaltfläche *OK.*

Abbildg. 1.15 Zuweisen der Projektstruktur zu den Liefergegenständen

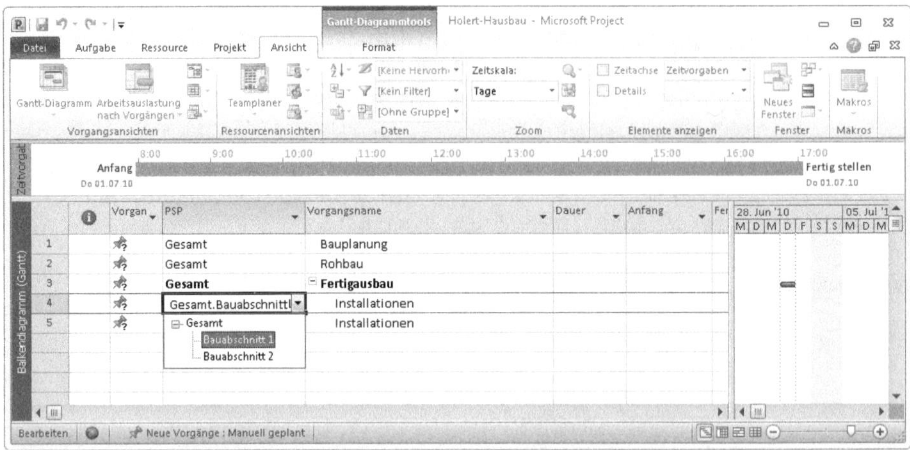

9. Fügen Sie das Feld *PSP* in Ihre Tabelle ein (*Format/Spalten/Spalte einfügen*) und wählen Sie die passenden Liefergegenstände aus.

Abbildg. 1.16 Darstellung der Projektstruktur

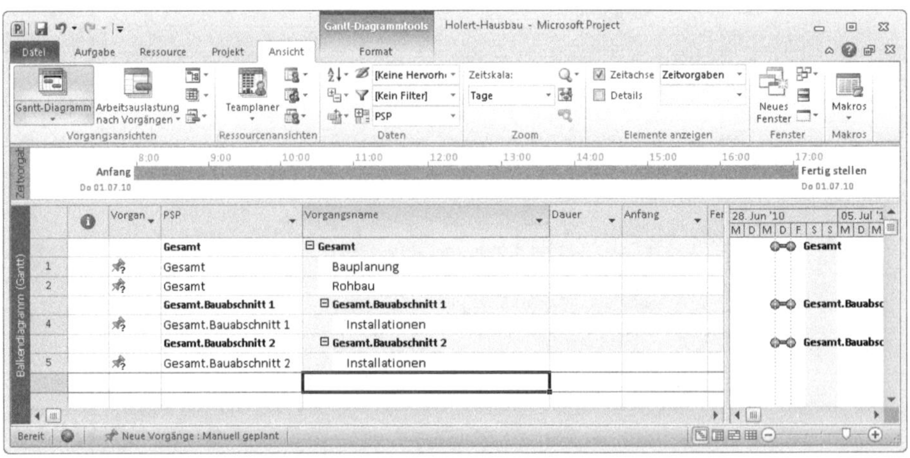

10. Erstellen Sie eine benutzerdefinierte Gruppierung (*Ansicht/Daten/Gruppieren nach/Neue Gruppe Nach*), die nach dem Feld *PSP* gruppiert und wenden Sie diese an (Abbildung 1.16).

HINWEIS Mehr Informationen zum Erstellen von Gliederungscodes, Gruppierungen und Ansichten finden Sie im Profibuch.[1]

Zu wichtigen Liefergegenständen auf unterster Ebene (Arbeitspaketen) können Sie auch in der Projektwebsite Einträge in der Liste *Lieferumfang* erstellen. Diese Liste hilft Ihnen u.a. Abhängigkeiten zwischen Liefergegenständen innerhalb des Projekts und projektübergreifend darzustellen.[2]

Die ergebnisorientierte Darstellung nach Liefergegenständen erleichtert eine zielorientierte Definition und Ausführung der Vorgänge.

Vorgänge festlegen, Vorgangsfolge festlegen, Ressourcen für Vorgänge schätzen, Vorgangsdauer schätzen und Terminplan entwickeln

Auf Basis des detaillierten Projektstrukturplans wird jetzt für jeden Liefergegenstand auf unterster Ebene (Arbeitspaket) ermittelt, welche Vorgänge notwendig sind, um diesen zu erstellen. Ziel ist es u.a. eine präzisere Aussage zu machen, wie lange das Projekt dauert. Hierzu sind in Project folgende Schritte notwendig:

- *Vorgänge festlegen* (6.1. Define Activities)
- *Festlegen der Vorgangsfolgen* (6.2. Sequence Activities)
- *Ressourcen für Vorgänge schätzen*[3] (6.3 Estimate Activity Resource)
- *Vorgangsdauer schätzen* (6.4 Estimate Activity Duration)
- *Terminplan entwickeln* (6.5 Develop Schedule)

Vorgänge festlegen

Die zur Erbringung der Liefergegenstände notwendigen Vorgänge werden im Rahmen des Prozesses *Vorgänge festlegen* (6.1 Define Activities) als Teilvorgänge unterhalb der Liefergegenstände gebildet werden.[4] Gehen Sie dazu folgendermaßen vor:

---

[1] Vgl. Holert 2011, u.a. S. 233-241, S. 272-274 sowie S. 424-458

[2] Vgl. Holert 2011, S. 292-296

[3] In der deutschen Übersetzung des PMBOK® Guide wird der Begriff »Einsatzmittel« für den englischen Begriff »Resource« verwendet. In der deutschen Version Project wird ausschließlich der Begriff »Ressource« verwendet. Zur Vermeidung der Terminologievarianz verwenden wir in diesem Buch darum ausschließlich den Begriff »Ressource«.

[4] Vgl. PMBOK 2008, S. 133-135

Abbildg. 1.17 Definition von Vorgängen

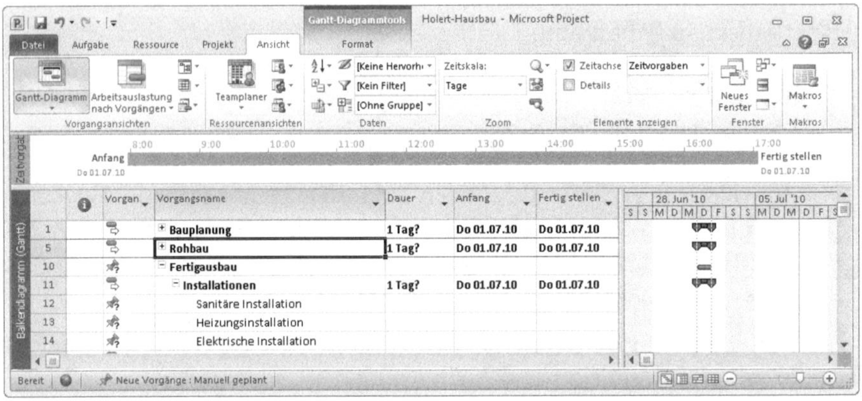

1. Fügen Sie neue Vorgänge unter dem entsprechenden Liefergegenstand ein.
2. Rücken Sie diese nach rechts ein, indem Sie beim Untergliedern wie bereits beschrieben wurde vorgehen. Der Liefergegenstand wird damit zu einem Sammelvorgang.

Es ist nicht in jedem Projekt erforderlich, dass überhaupt bzw. alle Liefergegenstände in Vorgänge aufgeschlüsselt werden. Das ist zum Beispiel dann nicht erforderlich, wenn Liefergegenstände an Subunternehmer vergeben werden, die ihrerseits ein eigenes Projektmanagement haben. Die grobe Empfehlung lautet, die Vorgänge so zu definieren, dass der Aufwand für eine Ressource leicht überschaubar ist und – sofern sinnvoll – nicht unter drei Personentagen liegt. Ausnahmen hiervon sind z.B. wichtige Präsentationen, Besprechungen und Einarbeitung von Mitarbeitern, in denen mehrere Ressourcen an einem Vorgang arbeiten.

Handelt es sich um ein sehr großes Projekt, bei dem der Projektleiter durch Teilprojektleiter unterstützt wird, können auch Teilprojektpläne gebildet werden. Maßstab für die Größe eines Projektplans ist die Überschaubarkeit für eine Person.

HINWEIS Sie können mehrere Teilprojektpläne in einem Gesamtprojektplan (*Hauptprojekt*) zusammenfassen.[1]

WICHTIG Der Projektleiter ist der »Eigentümer« seines Projektplans und nur er darf diesen bearbeiten, sonst verliert er das Vertrauen in das Dokument. Schließlich hinterlegt er seine Zusagen im Projektplan, an denen er später gemessen wird. Lesen dürfen und sollen den Projektplan selbstverständlich möglichst alle Projektbeteiligten (Stakeholders). Das Lesen ist z.B. über die Project Web App von Project Server möglich (vgl. Kapitel 2).

NEU IN 2010

Neu in der Version 2010 von Project Server ist, dass der Projektleiter den Projektplan auch in der Project Web App, also ohne Project Professional in begrenztem Umfang bearbeiten kann.[2]

[1] Vgl. Holert 2011, S. 288-291

Vorgangsfolge festlegen

Im Anschluss an den Prozess *Vorgänge festlegen* folgt der Prozess *Vorgangsfolge festlegen* (6.2 Sequence Activities).[1] Ziel ist es, ein Modell der Realität im Projektplan abzubilden. Es sollten nur die Abhängigkeiten aufgenommen werden, die unabdingbaren Einfluss auf den Ablauf haben, wie z.B. bei unserem Hausbau-Projekt, wo erst mit »Mauerwerk und Stahlbetondecken« begonnen werden kann, wenn die Erstellung der »Fundamente« abgeschlossen ist (Zwingende Abhängigkeiten). Fügen Sie nur in Ausnahmefällen Verknüpfungen aus anderen Gründen ein; fügen Sie insbesondere *keine* Verknüpfungen ein, um sequentielle Abarbeitung von Vorgängen aufgrund von wahrscheinlich erachteten Ressourcenengpässen widerzuspiegeln. Externe Abhängigkeiten können Sie über *projektübergreifende Verknüpfungen* oder *Abhängigkeiten zwischen Lieferumfängen realisieren.*[2]

TIPP Wir empfehlen *projektübergreifende Verknüpfungen* nicht als harte Verknüpfung (Hard link), sondern als weiche Verknüpfung festzulegen (Soft link), sodass der Projektleiter nur über etwaige Terminkonflikte informiert wird, sich die Vorgänge im Projektplan jedoch nicht automatisch verschieben (informatorische Verkettung).

ACHTUNG Bewahren Sie beim Einfügen von Verknüpfungen die Kapselung der einzelnen Projektphasen, vermeiden Sie insbesondere Verknüpfungen zwischen Teilvorgängen unterschiedlicher Phasen. Wenn Ihnen diese unabdingbar erscheinen, ist das ein Hinweis für eine nicht optimale Strukturierung der Vorgangsliste, die ggf. aus einem nicht optimalen Projektstrukturplan resultiert.

NEU IN 2010

Legen Sie vor dem Verknüpfen für alle Vorgänge den Vorgangsmodus auf *Automatisch geplant* fest, damit die Vorgänge entsprechend der Vorgangsfolgen von Project berechnet werden. Führen Sie dazu folgende Schritte aus:

1. Markieren Sie dazu alle Vorgänge, indem Sie auf die obere rechte Ecke der Tabelle) klicken.
2. Klicken Sie dann im Menüband auf der Registerkarte *Aufgabe* in der Gruppe *Vorgänge* auf die Schaltfläche *Automatisch planen.*

Um neue Verknüpfungen zu erstellen oder ggf. aus früheren Phasen bestehende Verknüpfungen anzupassen, gehen Sie folgendermaßen vor:

1. Markieren Sie den Vorgänger, indem Sie mit der linken Maustaste auf den Vorgang in der Tabelle klicken.
2. Halten Sie die `Strg`-Taste gedrückt und klicken Sie auf den Nachfolger (Abbildung 1.18).

[2] Vgl. Holert 2011, S. 198

[1] Vgl. PMBOK 2008, S. 136-141

[2] Vgl. Holert 2011, S. 292-296

Abbildg. 1.18 Festlegen der Vorgangsfolgen

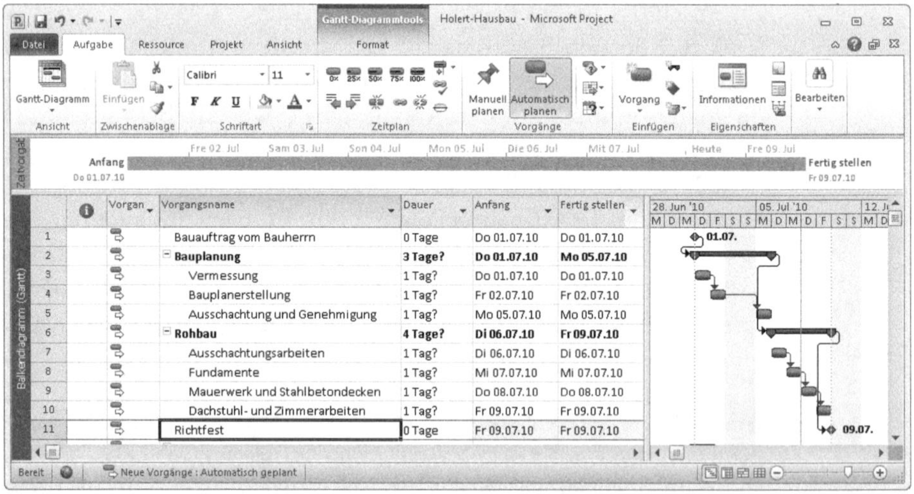

3. Verknüpfen Sie die Vorgänge, indem Sie in der Registerkarte *Aufgabe* in der Gruppe *Zeitplan* auf die Schaltfläche *Aufgaben verknüpfen* klicken, wie nebenstehend abgebildet.[1]

4. Lösen Sie Verknüpfungen, indem Sie auf die Schaltfläche *Vorgangsverknüpfung rückgängig machen* klicken, wie nebenstehend abgebildet.
5. Fügen Sie ggf. auch Meilensteine in die Vorgangsfolgen ein. Meilensteine sind wichtige Ereignisse, die besonders überwacht werden sollen. Ein Meilenstein in Project ist ein Vorgang mit der Dauer von 0 Tagen.

In besonderen Fällen, wie z.B. beim Simultaneous Engineering oder bei extremem Zeitdruck kann durch Überlappung, also negative Zeitabstände zwischen den Vorgängen, ein Kompromiss zwischen konfliktfreier Abwicklung und Projektbeschleunigung erreicht werden (Vorlaufzeit).

Ressourcen für Vorgänge schätzen

Ziel des Prozesses *Ressourcen für Vorgänge schätzen* (6.3. Estimate Activity Resources) ist es, zu ermitteln, welche Ressourcen in welchem Umfang und in welchen Zeiträumen benötigt werden (Ressourcenbedarf). Dieser Prozess wird auch oft Aufwandschätzung genannt

Der *Ressourcenbedarf* (6.3.3.1 Activity Resource Requirements) kann u.a. auf Grundlage der Vorgangsliste und der Ressourcenverfügbarkeit ermittelt werden. Ausgangswerte sind u.a. der Ressourcenbedarf und die Aktualisierungen der Ressourcenkalender. Als Werkzeuge und Methoden können Sie u.a. das Urteil von Fachexperten einsetzen.

---

[1] Abweichend wurde hier in der deutschen Version von Project der englische Begriff »Task« mit »Aufgabe« anstatt mit »Vorgang« übersetzt.

Je nach Phase des Projekts können Sie zunächst mit Unterstützung eines Experten alle Vorgänge bewerten. Ermitteln Sie, welche Qualifikationen überhaupt benötigt werden. Legen Sie ggf. generische Ressourcen im Projektplan an oder lassen Sie generische Enterprise-Ressourcen auf dem Project-Server von Ihrem Ressourcen-Manager anlegen. Weisen Sie dann diese generischen Ressourcen den entsprechenden Vorgängen zu. In einer späteren Phase können Sie geeignete und verfügbare natürliche Ressourcen auswählen und mit diesen die generischen Ressourcen ersetzen.

Um infrage kommende generische Ressourcen auszuwählen, gehen Sie in Project folgendermaßen vor:

1. Überprüfen Sie jeden Vorgang in der Vorgangsliste und ermitteln Sie, welche Qualifikation eine Ressource benötigt, um diesen auszuführen.
2. Zeigen Sie alle bereits definierten Ressourcenqualifikationen an, indem Sie auf die Registerkarte *Ressource* in der Gruppe *Einfügen* im Dropdownlistenfeld *Ressourcen hinzufügen* den Eintrag *Team aus Unternehmen zusammenstellen* (Teambuilder) auswählen.

Abbildg. 1.19 Auswahl der infrage kommenden Qualifikationen

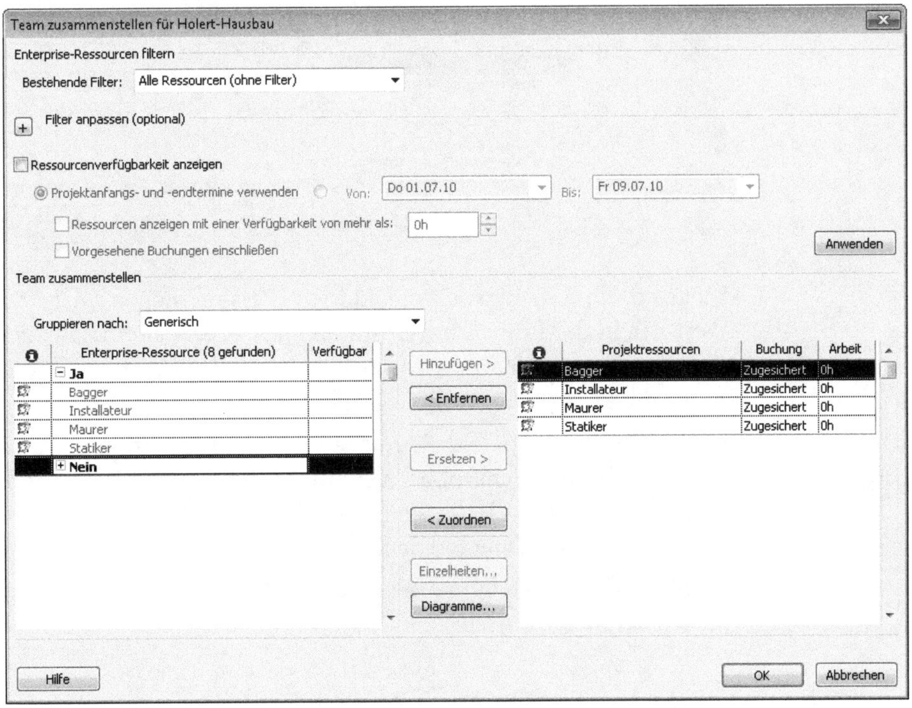

3. Um alle vorhandenen Qualifikationen (generische Ressourcen) anzuzeigen, klicken Sie auf den Pfeil des Dropdownlistenfelds *Gruppieren nach* und wählen Sie den Eintrag *Generisch* aus.
4. Wählen Sie alle infrage kommenden generischen Ressourcen in der linken Fensterhälfte aus (Mehrfachauswahl durch Halten der Strg-Taste) und klicken Sie

auf die Schaltfläche *Hinzufügen*, um diese für Ihr Projekt auswählbar zu machen. Klicken Sie auf die Schaltfläche *OK*, um die Auswahl zu übernehmen.

5. Falls von Ihnen benötigte Qualifikationen als generische Ressourcen nicht im Enterprise-Ressourcenpool vorhanden sind, senden Sie eine E-Mail an Ihren Ressourcen-Manager mit der Bitte, diese anzulegen.

Anschließend ordnen Sie auf folgende Art und Weise jedem Vorgang in der Vorgangsliste eine geeignete generische Ressource zu:

1. Wählen Sie den Vorgang in der Vorgangsliste aus.

Abbildg. 1.20 Zuordnen der benötigten Qualifikation zu den Vorgängen

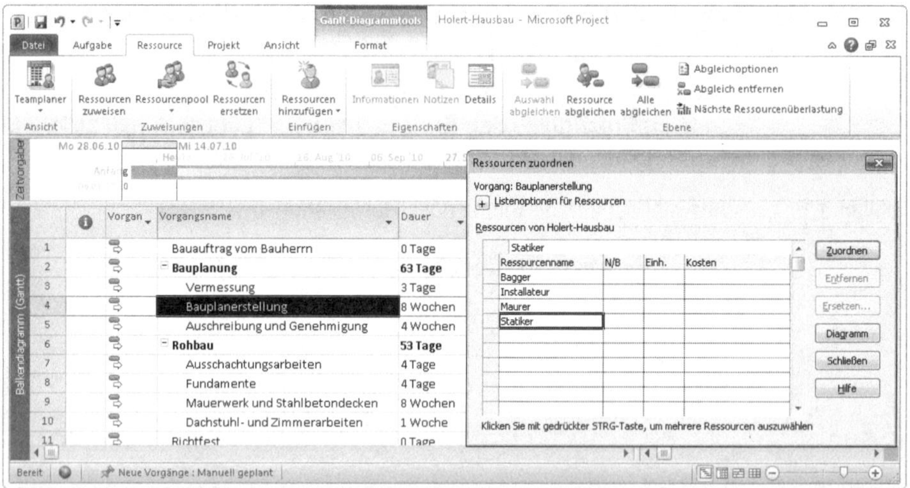

2. Schätzen Sie den Ressourcenbedarf in Personentagen (*Arbeit*). Geben Sie den Wert z.B. in der Einheit h für Stunde im Feld *Dauer* ein.[1] Bei der nachfolgenden Zuordnung mit 100 % wird entsprechend der Wert im Feld *Arbeit* errechnet (siehe die Erläuterungen im folgenden Kasten).

3. Rufen Sie das Dialogfeld *Ressourcen zuweisen* auf, indem Sie auf das nebenstehend abgebildete Symbol im Menüband auf der Registerkarte Ressource in der Gruppe *Zuweisungen* klicken. Das Dialogfeld kann während der weiteren Zuordnungen geöffnet bleiben.

4. Wählen Sie die geeignete generische Ressource aus und klicken Sie auf die Schaltfläche *Zuordnen*.

---

[1] Weitere Einheiten sind *m* für Monat, *w* für Woche, *t* für Tag und *min* für Minute.

Verhalten im Vorgangsmodus *Automatisch berechnen* beim Erstellen und Ändern von Zuordnungen

Project verhält sich beim ersten Zuordnen anders als bei allen weiteren Zuordnungen. Mit dem ersten Zuordnen definieren Sie die Arbeit. Änderungen an den *Zuordnungseinheiten* sind auch bei der Vorgangsart *Feste Einheiten* erlaubt und haben den gleichen Effekt wie bei der Vorgangsart *Feste Arbeit*. D.h. der Vorgang ändert seine Dauer.

HINWEIS In vielen Dialogfeldern wird das Feld *Zuordnungseinheiten* aus Platzgründen nur mit der Kurzform *Einheiten* oder *Einh.* beschriftet.

Standardmäßig wird auch das Zuordnen weiterer Ressourcen als Erhöhung der Zuordnungseinheiten gewertet und führt dazu, dass sich die Dauer des Vorgangs verkürzt. Für diesen Fall lässt sich dieses Verhalten jedoch ausschalten, indem man die Eigenschaft *Leistungsgesteuert* des jeweiligen Vorgangs deaktiviert. Die Eigenschaft *Leistungsgesteuert* können Sie z.B. über das Dialogfeld *Vorgangsinformationen* auf der Registerkarte *Erweitert* setzen.

Wenn Sie die Eigenschaft *Leistungsgesteuert* für alle bestehenden Vorgänge deaktivieren möchten, markieren Sie alle Vorgänge und klicken Sie im Menüband in der Registerkarte *Aufgabe* in der Gruppe *Eigenschaften* auf den Befehl *Informationen*. Deaktivieren Sie darauf im Dialogfeld *Informationen zum Vorgang* das Kontrollkästchen *Leistungssteuerung*. Sie können die Eigenschaft *Leistungsgesteuert* auch für alle neuen Vorgänge deaktivieren. Die Einstellung *Neue Vorgänge sind leistungsgesteuert* finden Sie unter der Registerkarte *Datei/Optionen/Terminplan* im Bereich *Planungsoptionen für dieses Projekt*. Ihr Administrator kann diese Option auch standardmäßig für Ihre Project-Installation deaktivieren oder Ihre Projektvorlagen entsprechend anpassen.[1]

Zuordnungen haben immer drei Parameter, und zwar die *Arbeit*, die geleistet wird, die Anzahl der zugeordneten *Zuordnungseinheiten* und die *Dauer*, die sich daraus ergibt. Je nach dem, welchen Parameter Sie ändern und welcher als fix über die Vorgangsart definiert ist, ändert sich der dritte. Nach dem Zuordnen von Ressourcen zu einem Vorgang berechnet Project die Größen immer entsprechend des physikalischen Zusammenhangs $W = P * t$ nach der Formel: *Arbeit = Zuordnungseinheiten * Dauer*.

1 Vgl. Holert 2011, S. 460-462

Einfluss hierauf haben die Vorgangsart und die Leistungssteuerung. Die *Vorgangsart* legt fest, welche der Größen in dieser Formel als fix angenommen wird. Die Vorgangsart *Feste Arbeit* fixiert z.B. die Arbeit und ändert die Dauer, wenn Sie die Einheiten verändern. Die *Leistungssteuerung* wirkt sich nur aus, wenn Sie mehr als eine Ressource einem Vorgang zuordnen. Wenn Sie beim ersten Zuordnen gleichzeitig mehrere Ressourcen zuordnen, wirkt sich die Leistungssteuerung auch nicht aus. Ist sie aktiviert, wird unter der Prämisse, dass die Vorgangsart *Feste Einheiten* ist, die Arbeit bei der Zuordnung einer weiteren Ressource als konstant angenommen und die Dauer des Vorgangs entsprechend der Formel angepasst. Hieraus ergeben sich in Project fünf verschiedene Verhaltensweisen.

NEU IN 2010

Sofern Sie die Zuordnungseinheiten nicht manuell ändern, sondern diese durch Project berechnet werden, wird das Feld nicht mehr automatisch aktualisiert, sondern zeigt den zuletzt manuell eingegebenen Wert. Den aktuellen Wert finden Sie dann im Feld *Höchstwert.*

Abbildg. 1.21 Überprüfen der Zuordnungsänderung über die Aktionsschaltfläche

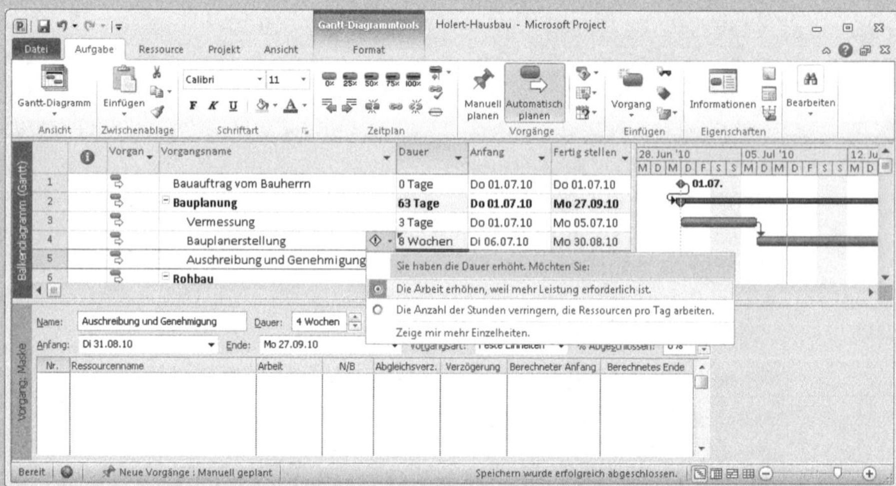

TIPP Überprüfen Sie nach dem Zuordnen immer, ob das, was Sie gerade getan haben, dem entspricht, was Sie wollten. Dies können Sie anhand der o.g. drei Parameter erledigen. Sollten Sie einmal durcheinander geraten, entfernen Sie die Zuordnung der Ressourcen, stellen die ursprüngliche Dauer wieder her und ordnen dann die Ressourcen erneut zu.

Project zeigt nach der Änderung der Ressourcenzuordnung einen Smarttag, der nachfragt, ob die daraus resultierende Änderung der übrigen Parameter Ihrer Absicht entspricht und schlägt Alternativen vor.

Alle durch die gerade vorgenommene Aktion geänderten Zellen werden farbig hinterlegt (*Änderungshervorhebung*).

ACHTUNG Voraussetzung für eine verlässliche Information über die Ressourcenverfügbarkeit ist, dass die Ressourcen *alle* projekt- und nicht projektbezogenen Tätigkeiten, wie z.B. Urlaub, Krankheit, Besprechungen, Wartung usw. über das Projektmanagementsystem erfassen (siehe in Kapitel 2 den Abschnitt »Abwesenheit durch Urlaub, Krankheit oder andere nicht projektbezogene Tätigkeiten zurückmelden«. Weitere Informationen zum »Management von Abwesenheitszeiten und anderen nicht projektbezogenen Zeiten« sowie »Sonderprojekte« und »Administrative Zeit«) finden Sie in den gleichnamigen Abschnitten im Profibuch.[1]

Durch die Zuweisung der generischen Ressourcen zu den Vorgängen errechnet Project automatisch den Gesamtbedarf für jede Qualifikation.

Um richtig qualifizierte und zudem verfügbare natürliche Ressourcen für das Projekt auszuwählen, gehen Sie folgendermaßen vor:

1. Öffnen Sie das Dialogfeld *Team zusammenstellen*, indem Sie auf der Registerkarte *Ressource* in der Gruppe *Einfügen* im Dropdownlistenfeld *Ressourcen hinzufügen* den Eintrag *Team aus Unternehmen zusammenstellen* auswählen.

Abbildg. 1.22 Auswahl geeigneter und verfügbarer Ressourcen

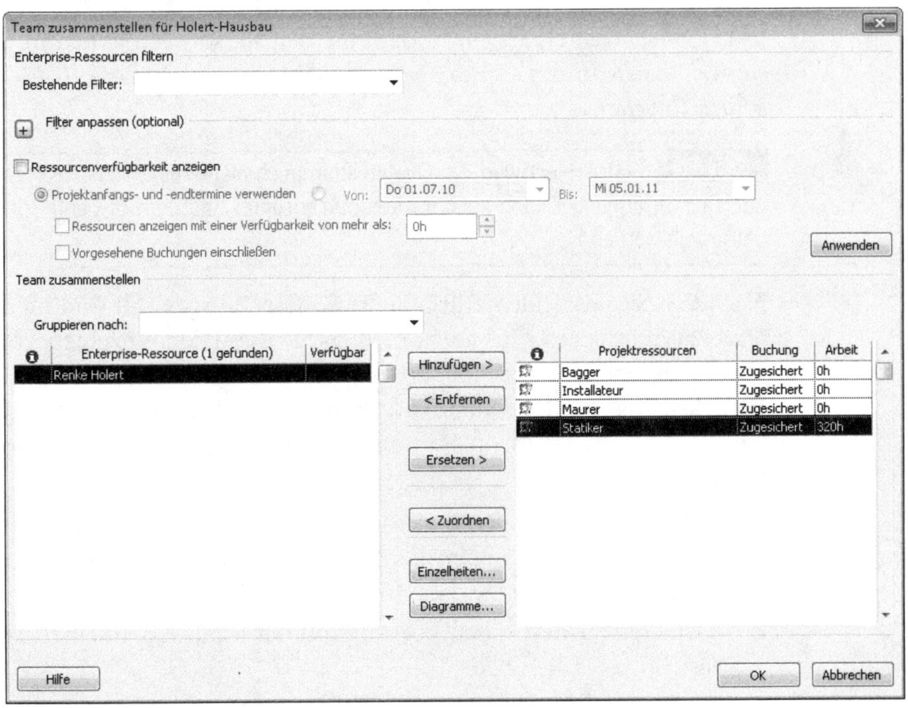

[1] Holert 2011, S. 178-184, S. 461-462 und S. 514-515

2. Wählen Sie in der rechten Hälfte des Dialogfelds die benötigte Qualifikation aus und klicken Sie auf die Schaltfläche *Zuordnen*, um alle entsprechend qualifizierten Ressourcen anzuzeigen.
3. Aktivieren Sie das Kontrollkästchen *Ressourcenverfügbarkeit anzeigen* und klicken Sie auf die Schaltfläche *Anwenden*.
4. Lesen Sie in der Spalte *Verfügbar* die Restkapazität der Ressource während der gesamten Projektlaufzeit ab. Sie können den Zeitraum auch weiter einschränken, indem Sie die Felder *Von* und *Bis* entsprechend anpassen.
5. Wählen Sie ggf. weitere Kriterien über Filter aus, z.B. um nur Ressourcen eines bestimmten Standorts anzuzeigen.
6. Um die gewünschte Enterprise-Ressource in das Projektteam zu übernehmen, wählen Sie in der linken Hälfte des Dialogfelds die betreffende Ressource aus und klicken Sie auf die Schaltfläche *Hinzufügen*.

HINWEIS Für den Fall, dass Sie alle Vorgänge, die einer bestimmten Ressource zugewiesen sind, durch eine spezielle natürliche Ressource ersetzen möchten, klicken Sie stattdessen auf die Schaltfläche *Ersetzen*.

7. Wiederholen Sie diese Schritte für jede benötigte Qualifikation.

Sie können Ihr Projektteam auch durch nicht Enterprise-Ressourcen, sogenannte *lokale Ressourcen* ergänzen, in dem Sie den Ressourcennamen in der Ansicht *Ressource: Tabelle* in das Projektteam aufnehmen (*Ressource/Ansicht/Teamplaner/Ressource: Tabelle*).

HINWEIS In Project wird die Qualifikation auch als *Fertigkeit* oder *Fertigkeitsprofil* bezeichnet. Die Verfügbarkeit kann auch im Ressourcencenter und dem BI Center der Project Web App dargestellt werden.[1]

Nachdem Sie passende natürliche Ressourcen ausgewählt und hieraus Ihr Projektteam zusammengestellt haben, ordnen Sie diese den einzelnen Vorgängen zu, um hierdurch den Ressourcenbedarf zu verfeinern. Wenn Sie bei der Zuordnung unter Berücksichtigung der Qualifikation auch die Verfügbarkeit beachten, reduzieren Sie den Umfang eines im Rahmen des Prozesses *Terminplan entwickeln* nötigen Kapazitätsabgleichs.

Sie können dies weitgehend automatisch durch den Ressourcenersetzungs-Assistenten ausführen lassen oder die Zuordnung manuell vornehmen.[2] Für die manuelle Zuordnung führen Sie dazu folgende Schritte aus:

1. Markieren Sie den ersten Vorgang mit der Maus z.B. in einer Balkendiagramm-Ansicht.

---

[1] Vgl. Holert 2011, S. 168-178, S. 296-318

[2] Vgl. Holert 2011, S. 147-152

2. Öffnen Sie das Dialogfeld *Ressourcen zuordnen* wie oben beschrieben (*Ressource/ Zuweisen/Ressource zuweisen*).
3. Zeigen Sie die *Listenoptionen für Ressourcen* an, indem Sie auf die *Plus-Schaltfläche* klicken. Es erscheint dann u.a. ein Filterfeld.
4. Wählen Sie im Feld *Filtern nach:* den Enterprise-Filter *Qualifikation* aus.[1]
5. Wählen Sie im Dialogfeld *Qualifikation* die benötigte Qualifikation aus und klicken Sie auf die Schaltfläche *OK*.

HINWEIS Anders als in den Vorgängerversionen können Sie im Zuordnungsdialog nicht die Verfügbarkeit der infrage kommenden Ressource erkennen. Stattdessen können Sie diese im Ressourcencenter der Project Web App ablesen oder bei Verwendung des Teamplaners erkennen, wie wir dies im Rahmen des nachfolgenden Prozesses *Terminplan entwickeln* beschreiben.

Alternativ können Sie bei Einsatz von Allocatus die Outlook- oder Lotus Notes-Kalender der entsprechenden Ressourcen für die Darstellung der Verfügbarkeit heranziehen.[2]

Abbildg. 1.23 Generische Ressourcen ersetzen

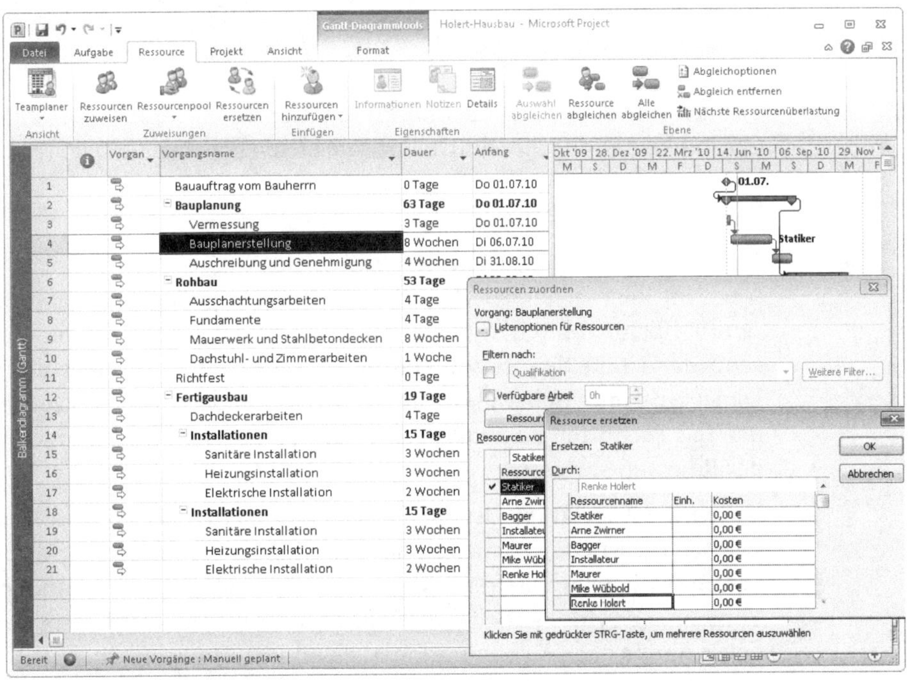

---

[1] Dieser Filter ist nicht Bestandteil des Lieferumfangs von Project. Um den Filter zu erstellen, wählen Sie im Menüband *Ansicht/Daten/Filter/Neuer Filter* aus. Geben Sie dann als Filterkriterium *Qualifikation Enthält "Bitte geben Sie die gewünschte Qualifikation an:"?* ein (vgl. Holert 2011, S. 457).

[2] Vgl. *http://www.allocatus.com*

6. Wenn Sie eine passende Ressource gefunden haben, dann wählen Sie die zugewiesene generische Ressource aus und klicken auf die Schaltfläche *Ersetzen* (Abbildung 1.23).
7. Wählen Sie nun die natürliche Ressource aus und klicken Sie auf die Schaltfläche *OK*, um den Ersetzungsvorgang abzuschließen.

Abbildg. 1.24 Anzeige der Diskrepanz zwischen Ressourcenbedarf und Ressourcenverfügbarkeit

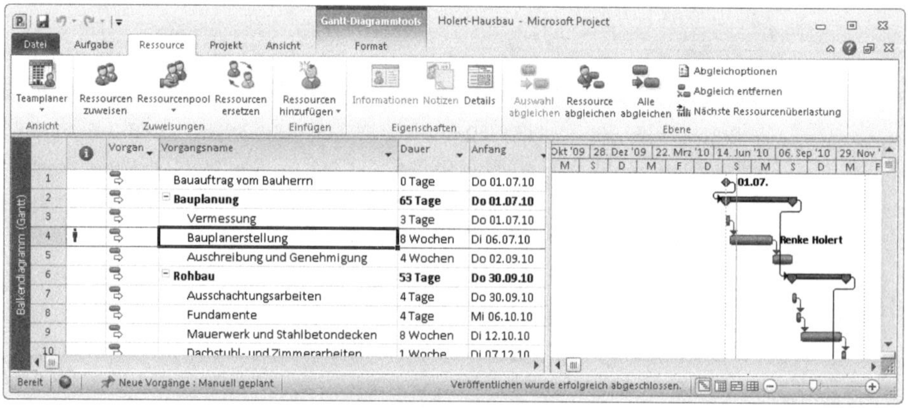

NEU IN 2010 Für den Fall, dass durch die Zuordnung eine Ressourcenüberlastung entsteht, wird in der Indikatorspalte dies durch eine rote kleine Person angezeigt (Abbildung 1.24).

Vorgangsdauer schätzen

Nachdem die Vorgänge definiert und in eine logische Reihenfolge gebracht wurden sowie ihr Ressourcenbedarf geschätzt wurde, folgt der Prozess *Vorgangsdauer schätzen* (6.4 Estimate Activity Duration).[1] Ziel ist es, u.a. auf Grundlage des Ressourcenbedarfs und der Ressourcenkalender für jeden Vorgang die voraussichtliche Dauer zu ermitteln bzw. festzulegen. Als Methoden und Werkzeuge können hierfür u.a. das Fachurteil z.B. von den später ausführenden Ressourcen und die Analyse der Reserven eingesetzt werden.

Durch die Zuordnung der Ressourcen zu einem Vorgang berechnet Project automatisch die Vorgangsdauer anhand des Ressourcenkalenders, d.h. die Arbeit wird automatisch an arbeitsfreien Tagen unterbrochen, was sich auf den Endtermin des Vorgangs auswirkt. Arbeitsfreie Tage im Ressourcenkalender spiegeln z.B. Feiertage wider und je nach Konfiguration auch andere Abwesenheitszeiten, wie Urlaub und Krankheit.

[1] Vgl. PMBOK 2008, S. 146-151

ACHTUNG Wenn durch den Ressourcenkalender die Arbeit unterbrochen wird, ändert sich das Feld *Dauer* jedoch nicht, da dieses Feld nur die Dauer der Arbeitszeit und nicht die Kalenderzeit widerspiegelt. Auch wird der Vorgang nicht als unterbrochen im Kalender dargestellt. Sie können die Unterbrechung am einfachsten in der Ansicht *Vorgang: Einsatz* ablesen.

Belegungen durch andere Projekte oder auch Sonderprojekte, die ebenfalls Abwesenheitszeiten abbilden können, führen in der Standardeinstellung nicht automatisch zu Unterbrechungen oder zu Verschiebungen. D.h. Terminkonflikte werden als Überlastungen nur angezeigt und können dann manuell oder automatisch durch den Kapazitätsabgleich bereinigt werden, um die Dauer des Vorgangs zu ermitteln. Die Überlastung selbst wird u.a. in der Indikatorspalte der Balkendiagramm-Ansichten durch ein rotes Personensymbol (Abbildung 1.24) und in der Ansicht *Ressource: Einsatz* durch ein gelbes Karosymbol mit Ausrufezeichen angezeigt.

Mehr hierzu finden Sie auch im nachfolgenden Prozess »Terminplan entwickeln « ab Seite 43 sowie im Profibuch in den Abschnitten »Erkennen der Notwendigkeit für Umdisponierungen« sowie »Sonderprojekte« und »Administrative Zeit«[1]).

HINWEIS Wenn Sie das Fachurteil der Projektmitarbeiter einholen und das Feld *Dauer* anpassen, wird dabei je nach Einstellung die Arbeit und damit der Ressourcenbedarf neu berechnet, was u.U. nicht beabsichtigt ist (siehe den Kasten oben).

Um auszudrücken, dass der Vorgang länger in der Kalenderzeit dauert, da nicht durchgängig mit vollem Einsatz an diesem gearbeitet wird, unterbrechen Sie ggf. den Vorgang oder erstellen stattdessen einen periodischen Vorgang. Vermeiden Sie prozentuale Zuordnungen, da hierdurch u.a. der Abgleich und damit die optimale Nutzung der Ressourcenkapazität erschwert wird.

Um spätere Terminverschiebungen zu minimieren, ist es in der Regel sinnvoll, Puffer einzuplanen. Im Rahmen der Analyse der Reserve können Sie z.B. nachfolgende Vorgänge verschieben, sodass hierdurch ein Puffer entsteht (siehe auch den nachfolgenden Abschnitt).

TIPP Wenn Ihnen noch keine ausreichend genaue Schätzung vorliegt, kann das durch die Vorgangseigenschaft *Geschätzt* deutlich gemacht werden, die dann ein Fragezeichen hinter dem Zahlenwert anzeigt. Diese Eigenschaft kann über das Dialogfeld *Informationen zum Vorgang* festgelegt werden, welches über einen Doppelklick auf den Vorgang aufgerufen wird.

Terminplan entwickeln

Das bisherige Ergebnis des Terminplans wird bezüglich des Fertigstellungstermins nach aller Voraussicht nicht den Kundenwünschen entsprechen. Zudem sind nicht alle äußeren Faktoren berücksichtigt worden, die Einfluss auf den Projektverlauf haben. Ziel des Prozesses *Terminplan entwickeln* (6.5. Develop Schedule) ist es nun,

[1] Vgl. Holert 2011, S. 168-178, S. 461-462 und 514-515

den Terminplan weiter auszuarbeiten, damit dieser die äußeren Einflussfaktoren berücksichtigt und genehmigt werden kann.[1] Methoden und Werkzeuge sind u.a. die Verdichtung des Terminplans, Anwendung von Vor- und Nachlaufzeiten, der Einsatz von Kalendern[2] und der Kapazitätsabgleich.[3] Daneben empfehlen wir Phasen durch das Setzen von Termineinschränkungen zu entkoppeln und externe Termine als Stichtage zu hinterlegen.

Abbildg. 1.25 Anordnungsbeziehung

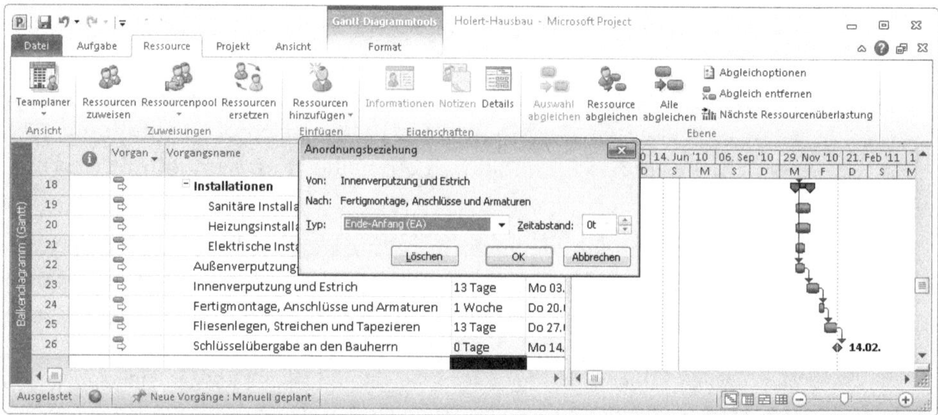

Zur Verdichtung des Terminplans prüfen Sie u.a., ob nicht durch Überlappung, also das Setzen negativer Zeitabstände, oder die Parallelisierung von Vorgängen eine Beschleunigung erreicht werden kann. Prüfen Sie zudem, ob Vor- und Nachlaufzeiten berücksichtigt werden müssen, also ob (positive) Zeitabstände eingefügt werden müssen. Ein Beispiel für einen Zeitabstand wäre etwa beim Hausbau der Zeitraum, der verstreichen muss, bis der Estrich getrocknet ist. Verfahren Sie in Project wie folgt:

1. Fügen Sie Zeitabstände ein, indem Sie mit der Spitze des Mauszeigers einen Doppelklick im Balkendiagramm auf die Verknüpfungslinie der betroffenen Vorgänge machen. Es erscheint dann das Dialogfeld *Anordnungsbeziehung* (Abbildung 1.25). Geben Sie negative Werte für Überlappungen und positive Werte für einen tatsächlichen Abstand zwischen den Vorgängen ein.

HINWEIS Wenn Sie den Zeitabstand nicht in Arbeitstagen, sondern in Kalendertagen eingeben möchten, fügen Sie zwischen den Zahlenwert und die Zeiteinheit ein *f* für fortlaufend, also z.B. *4ft* für vier fortlaufende Tage ein.

[1] Vgl. PMBOK 2008 D, S. 152-157

[2] Der Einsatz von Kalendern wird als Methode im PMBOK 2008 D nicht mehr explizit genannt, kann jedoch unter dem Werkzeug zur Terminplanung subsummiert werden (S. 157). Weiterhin werden Kalender als Ausgangswert genannt (S. 160)

[3] Wir verwenden als Übersetzung von »Resource Leveling« die in Project verwendete Bezeichnung »Kapazitätsabgleich« statt der in der deutschen Übersetzung gewählten Übersetzung »Auslastungsglättung«.

2. Parallelisieren Sie Vorgänge, die zeitgleich ausgeführt werden können, indem Sie den Vorgängen die gleichen Vorgänger und Nachfolger zuweisen oder Vorgänge durch einen Sammelvorgang klammern, den Sie mit dem Vorgänger und Nachfolger verknüpfen.

Als weiteren Einflussfaktor, über die logische Reihenfolge der Vorgänge hinaus, berücksichtigen Sie die Arbeitszeiten durch den Einsatz von Kalendern. Der PMBOK® Guide unterscheidet zwischen Projektkalendern und Ressourcenkalendern. Dabei wird in der Regel angenommen, dass sich Projektkalender auf alle Vorgänge auswirken und Ressourcenkalender nur auf die entsprechenden Ressourcen.

Project unterscheidet zwischen Projekt-, Vorgangs- und Ressourcenkalendern. Project-Projektkalender wirken sich nur auf Vorgänge aus, denen keine Ressourcen zugeordnet sind. Wenn Ressourcen einem Vorgang in Project zugeordnet sind, dann gilt nur der Ressourcenkalender. Wenn ein Kalender einem Vorgang zugeordnet ist, dann gilt die Schnittmenge aus Vorgangs- und Ressourcenkalender, d.h. die Ressource wird nur eingeplant, wenn sowohl ihr Kalender als auch der Vorgangskalender Arbeitszeit vorsieht. Ausnahme ist, wenn die Option *Terminplanung ignoriert Ressourcenkalender* aktiviert ist, dann wird die Ressource immer dann eingeplant, wie es im Vorgangskalender definiert ist.

ACHTUNG Project unterscheidet zwischen Enterprise-Kalendern und lokalen Kalendern. Enterprise-Kalender können nur über die Project Web App bearbeitet werden. Lokale Kalender können nur angelegt werden, wenn die entsprechende Option *Weitere Servereinstellungen/Für Projekte die Verwendung lokaler Kalender zulassen* in den Servereinstellungen aktiviert ist.[1]

Um die Arbeitszeit für alle Vorgänge ohne Ressourcenzuordnung festzulegen, erstellen Sie zunächst einen neuen Basiskalender und legen diesen dann als Projektkalender für das Projekt fest. Gehen Sie dazu folgendermaßen vor:

1. Rufen Sie im Menüband über die Registerkarte *Projekt* in der Gruppe *Eigenschaften/Arbeitszeit ändern* das Dialogfeld *Arbeitszeit ändern* auf.
2. Klicken Sie auf die Schaltfläche *Neuen Kalender erstellen*, um einen neuen Basiskalender anzulegen.
3. Geben Sie im Feld *Name* einen neuen Namen für den Kalender ein, z.B. »Hauskalender«.

1 Vgl. Holert 2011, S. 521

Abbildg. 1.26 Erstellen eines neuen Basiskalenders

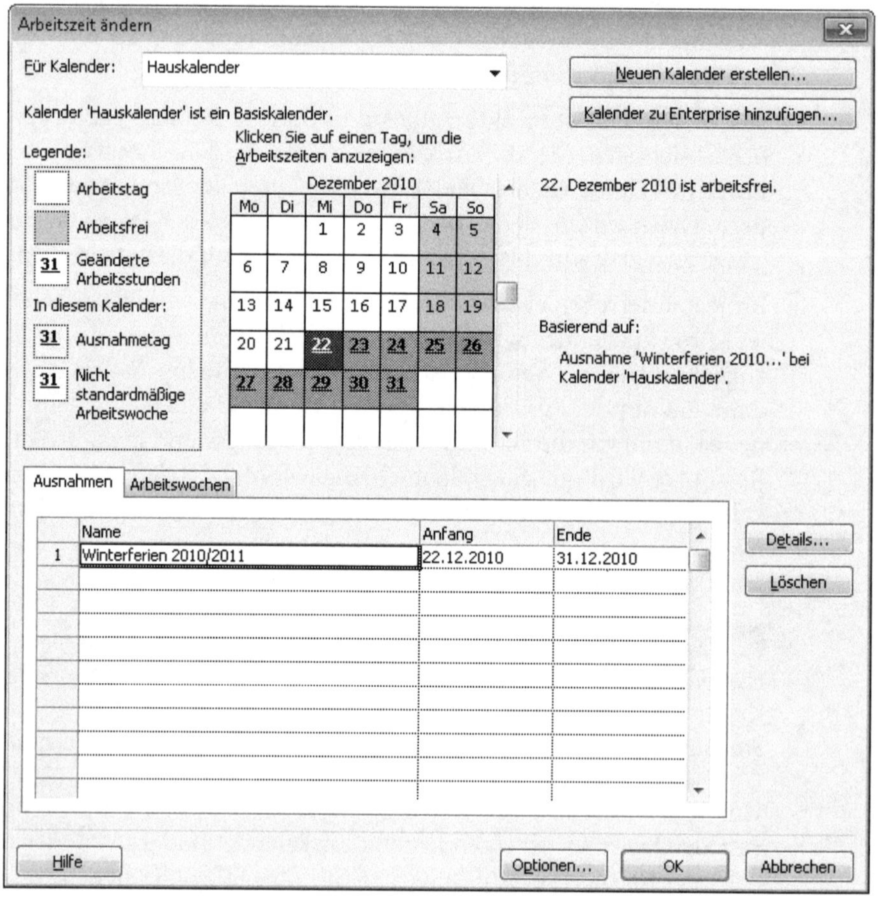

4. Behalten Sie die Einstellung bei, dass dieser als Kopie des Standardkalenders erstellt werden soll, und klicken Sie auf *OK.*
5. Geben Sie auf der Registerkarte *Ausnahmen* in der Spalte *Name* die Bezeichnung für die Ausnahme von der Standardarbeitszeit ein, z.B. »Winterferien 2010/ 2011«.
6. Geben Sie in den Spalten *Anfang* und *Ende* den Zeitraum an.
7. Klicken Sie auf die Schaltfläche *Details.*

Abbildg. 1.27 Ausnahmedetails festlegen

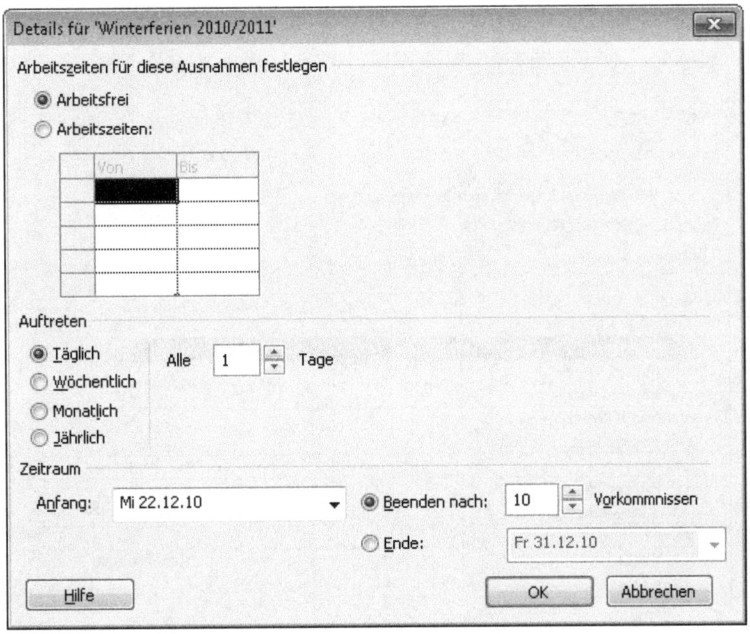

8. Stellen Sie sicher, dass im Bereich *Arbeitszeiten für diese Ausnahmen festlegen* die Option *Arbeitsfrei* ausgewählt ist.
9. Schließen Sie die Erstellung des neuen Basiskalenders ab, indem Sie beide offenen Dialoge mit der Schaltfläche *OK* bestätigen.

10. Klicken Sie im Menüband auf der Registerkarte *Projekt* in der Gruppe *Eigenschaften* auf die Schaltfläche *Projektinformationen.*
11. Wählen Sie im Dropdownlistenfeld *Kalender* den neu erstellen Basiskalender aus, um diesen als Projektkalender festzulegen und klicken Sie auf die Schaltfläche *OK.*

12. Wählen Sie im Menüband die Registerkarte *Ansicht* aus und wählen Sie in der Gruppe *Zoom* im Dropdownlistenfeld *Zeitskala* den Eintrag *Zeitskala* aus.

Abbildg. 1.28 Projektkalender definieren

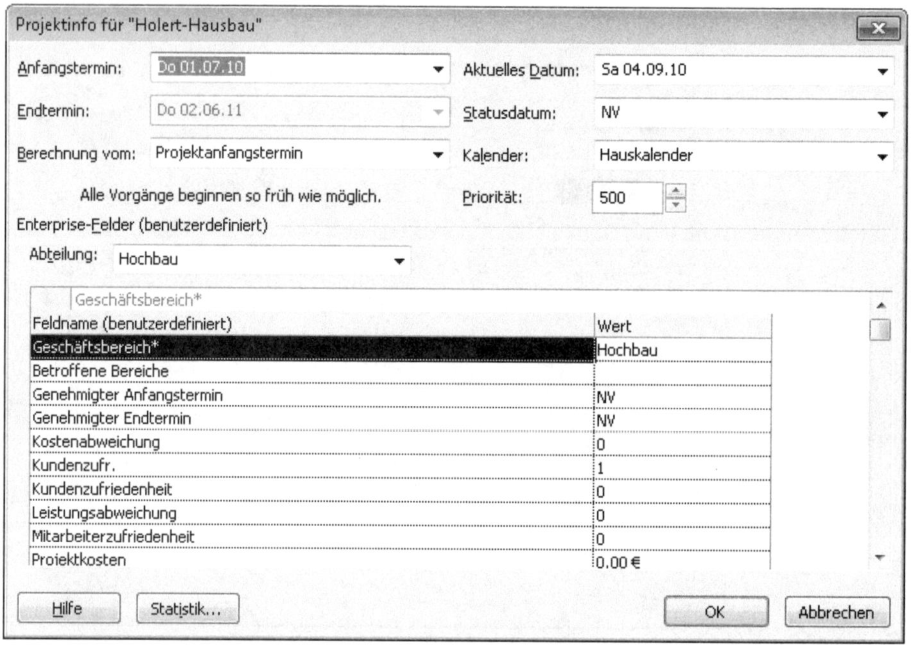

13. Wechseln Sie zur Registerkarte *Arbeitsfreie Zeit.*

Abbildg. 1.29 Darstellung der arbeitsfreien Zeit des Projektkalenders

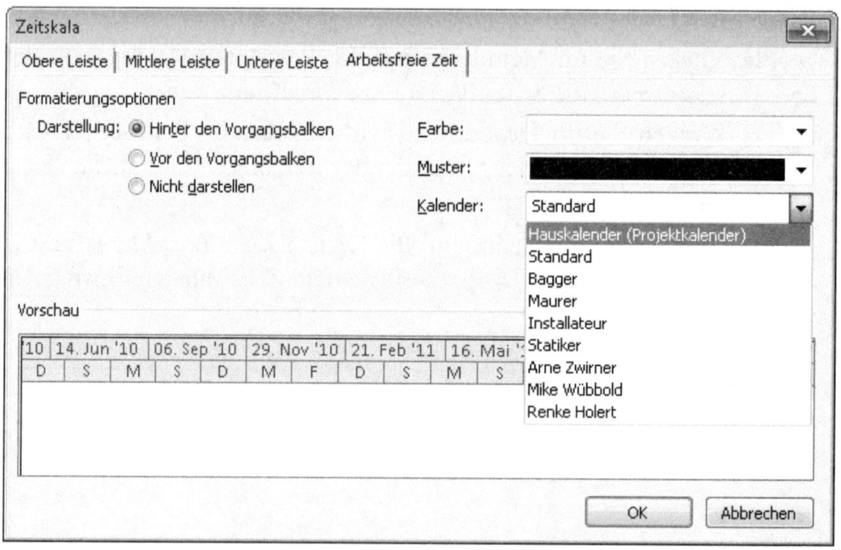

14. Wählen Sie im Feld *Kalender* den neu erstellten Basiskalender aus, sodass in den Balkendiagramm- und Einsatzansichten die arbeitsfreie Zeit analog dargestellt wird.

HINWEIS Die Verfügbarkeit von Ressourcen können Sie analog durch Definition von arbeitsfreien Kalenderausnahmen im Ressourcenkalender abbilden. Da Ressourcenkalender von Enterprise-Ressourcen global gelten, sollten Sie hier nur arbeitsfreie Zeiten definieren, die für die jeweilige Ressource für alle Projekte gelten.

Alternativ können Sie die arbeitsfreie Zeiten genauso wie die Belegung durch andere Projekte durch Einplanung auf Abwesenheitsprojekte abbilden. In diesem Fall können Sie mit dem Kapazitätsabgleich die Vorgänge entsprechend unterbrechen.

Führen Sie im Anschluss einen Kapazitätsabgleich durch, um etwaig verbliebene Ressourcenkonflikte zu beseitigen. Für einen automatischen Kapazitätsabgleich können Sie die gleichnamige Funktion von Project einsetzen, alternativ können Sie für einen manuellen Abgleich den Teamplaner einsetzen.

Um einen automatischen Kapazitätsabgleich auszuführen, gehen Sie folgendermaßen vor:

1. Stellen Sie sicher, dass nur das Projekt geöffnet ist, das Sie abgleichen möchten.
2. Speichern Sie ggf. einen Basisplan, um später leicht Änderungen erkennen zu können (*Projekt/Zeitplan/Basisplan festlegen/Basisplan festlegen*)

TIPP Sofern der Basisplan bereits verwendet wird, können Sie auf den Basisplan 1-10 ausweichen. Sofern Sie nur einen automatischen Kapazitätsabgleich durchführen, können Sie die hierdurch eingefügten Abgleichsverzögerungen auch in der Ansicht *Balkendiagramm: Abgleich* erkennen.

3. Wählen Sie im Menüband die Registerkarte *Ressource* aus und rufen Sie in der Gruppe *Ebene* den Befehl *Abgleichoptionen* auf, um das Dialogfeld *Kapazitätsabgleich* zu öffnen.

Abbildg. 1.30 Kapazitätsabgleich durchführen

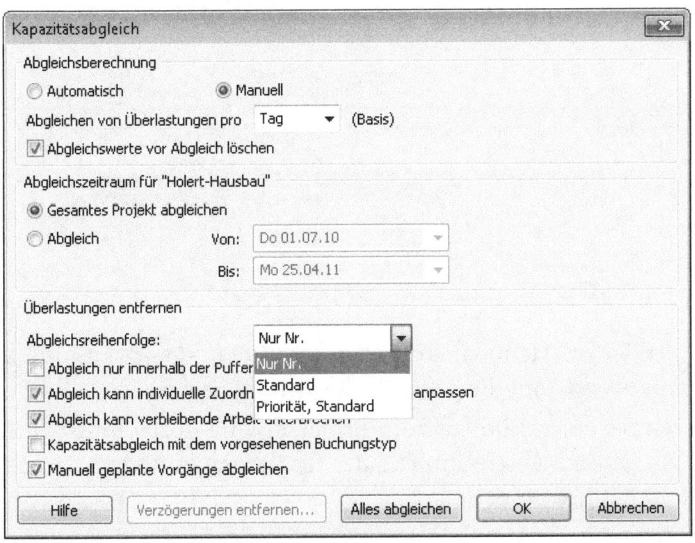

4. Wählen Sie als Abgleichsreihenfolge *Nur Nr.*, d.h. Vorgänge, die weiter oben im Projektplan stehen, werden bei der Ressourcenzuteilung bevorzugt.
5. Klicken Sie auf die Schaltfläche *OK*.
6. Klicken Sie danach im Menüband auf der Registerkarte *Ressource* in der Gruppe *Ebene* auf den Befehl *Alle abgleichen*.

Project verschiebt nun jeden Vorgang der Ressource bzw. aller Ressourcen soweit in die Zukunft, bis ein freies Zeitfenster hierfür gefunden wird. Die Verschiebung erfolgt dabei durch Einfügen von Abgleichsverzögerungen (gleichnamiges Feld). Das hat den Vorteil, dass leicht erkennbar ist, dass dieser Vorgang die spätere Position nicht aus inhaltlichen, sondern kapazitiven Gründen hat.

NEU IN 2010

In der Ansicht *Gantt-Diagramm* können Sie den Focus des Kapazitätsabgleichs auch auf einzelne Vorgänge beschränken und so schrittweise den Projektplan von oben nach unten abgleichen.

Um einen manuellen Kapazitätsabgleich im Teamplaner durchzuführen, führen Sie folgende Schritte aus:

Abbildg. 1.31 Manueller Kapazitätsabgleich mit dem Teamplaner – 1

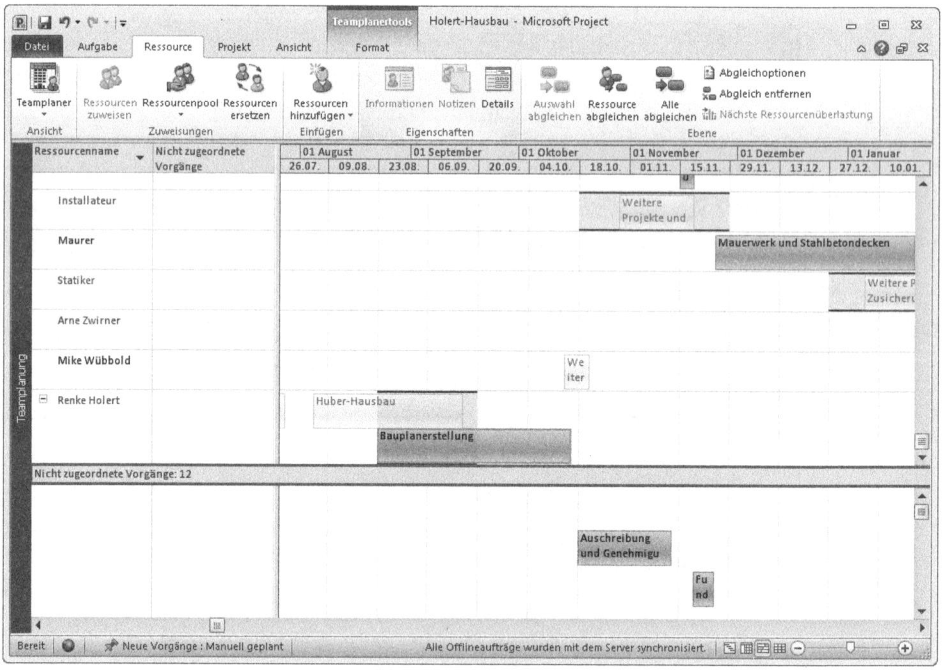

1. Wählen Sie im Menüband die Registerkarte *Ressource* aus und klicken Sie in der Gruppe *Ansicht* auf die Schaltfläche *Teamplaner*.
2. Führen Sie einen Bildlauf zum Projektanfang durch und ermitteln Sie den ersten Vorgang aus Ihrem Projekt, der rosafarben hinterlegt ist, also einen Ressourcenkonflikt hat.

Abbildg. 1.32 Manueller Kapazitätsabgleich mit dem Teamplaner – 2

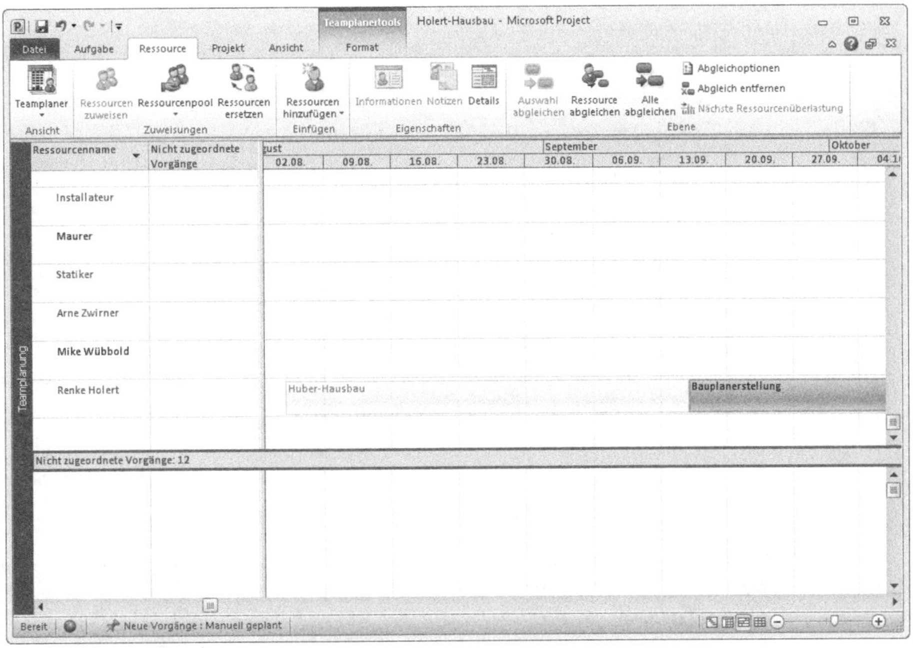

3. Verschieben Sie den Vorgang per Ziehen und Ablegen mit der Maus auf einen späteren Termin.

HINWEIS Alternativ können Sie auch im Teamplaner den Vorgang einer anderen verfügbaren und geeignet qualifizierten Ressource durch Ziehen und Ablegen zuweisen. Bitte beachten Sie, dass Sie ggf. den Ressourcenbedarf abhängig von der gewählten Ressource anpassen müssen.

Beim manuellen Kapazitätsabgleich mit dem Teamplaner bekommt der Vorgang beim Verschieben eine Termineinschränkung.

Wenn es zeitliche Verschiebungen im Verlauf des Projekts gibt, werden u.U. Umplanungen erforderlich. Verringern Sie die Zahl der Umplanungen, indem Sie Puffer bilden und damit die Teilleistungen zeitlich entkoppeln. Puffer bilden Sie durch das Setzen von Termineinschränkungen, also z.B. durch feste Terminierung des Richtfests. Um eine Termineinschränkung festzulegen, führen Sie folgende Schritte aus:

1. Rufen Sie das Dialogfeld *Informationen zum Vorgang* auf, indem Sie auf den entsprechenden Vorgang doppelklicken.
2. Wechseln Sie zur Registerkarte *Erweitert* und tragen Sie den Einschränkungstermin im gleichnamigen Feld ein.

Abbildg. 1.33 Setzen einer Termineinschränkung

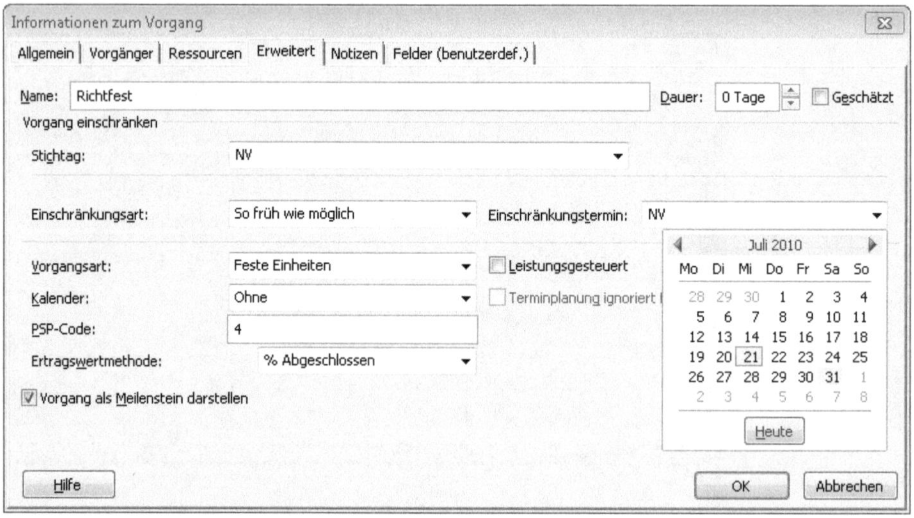

HINWEIS Sie können Einschränkungstermine nur für Vorgänge mit dem *Planungsmodus Manuell geplant* setzen.[1]

Sie können eingeschränkte Vorgänge am Kalendersymbol in der Indikatorspalte in den Vorgangstabellen erkennen (wie in der Marginalspalte abgebildet).

TIPP Sie können Termineinschränkungen auch für mehrere Vorgänge gleichzeitig setzen. Gehen Sie dazu folgendermaßen vor:

1. Markieren Sie die gewünschten Vorgänge.

2. Klicken Sie im Menüband auf das Karteikartensymbol in der Registerkarte *Aufgabe* in der Gruppe *Eigenschaften/Informationen* (siehe Marginalspalte), um das Dialogfeld *Informationen zum Vorgang* aufzurufen.
3. Wechseln Sie auf die Registerkarte *Erweitert* und wählen Sie dort z.B. die Einschränkungsart *Anfang nicht früher als* oder *Muss anfangen am*, je nach Erfordernis.

Wenn Sie als Termineinschränkungsart *Anfang nicht früher als* wählen, wird im Projektplan nicht deutlich, zu welchem Zeitpunkt der Vorgang seinen Einschränkungstermin überschreitet.

Durch das Setzen von Stichtagen werden Sie bei berechneter Überschreitung dieser Termine optisch informiert. Geben Sie hierzu beim betreffenden Vorgang oder Meilenstein im Feld *Stichtag* (Deadline) den spätesten Fertigstellungstermin ein. Es erscheint dann bei Überschreitung ein rotes Karo mit einem weißen Ausrufungszeichen in der Indikatorspalte im Balkendiagramm (Abbildung 1.34).

---

[1] Im Dialogfeld *Informationen* heißt diese Vorgangseigenschaft *Planungsmodus*. Das zugehörige Feld heißt jedoch *Vorgangsmodus*.

Abbildg. 1.34 Überschreiten des Stichtags

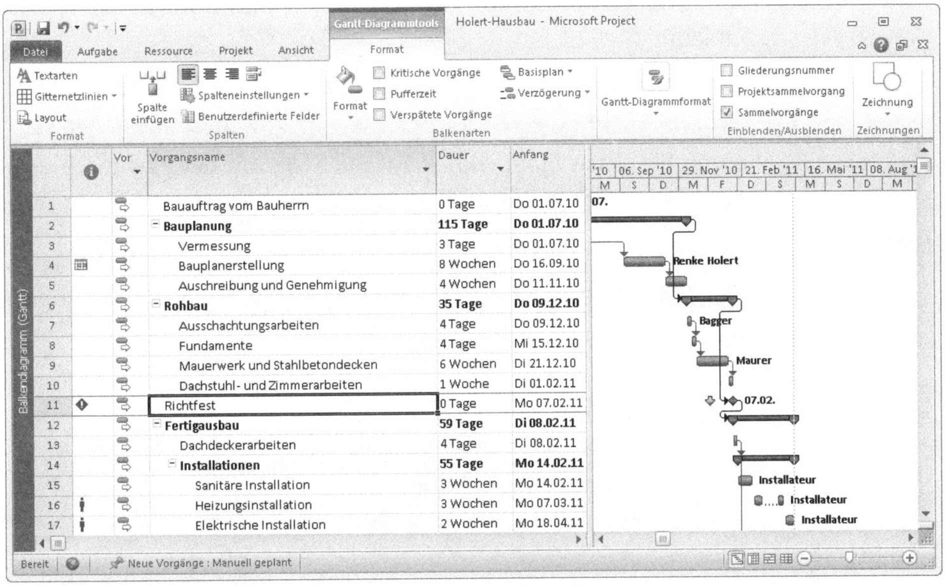

Der Stichtag selbst wird als umrahmter grüner Pfeil im Balkendiagramm angezeigt.

Nachdem Sie die Terminplanung abgeschlossen haben, wäre der richtige Zeitpunkt, um den Basisplan, wie zuvor beschrieben, zu speichern. Da Project jedoch nicht differenziert nach verschiedenen Basisplanarten unterscheiden kann, sondern immer alle berechneten Werte in den Basisplan kopiert, also u.a. Anfang, Ende, Dauer, Arbeit und Kosten, reicht es in Project, den Basisplan im Rahmen der Prozesse Kosten schätzen und Budget festlegen zu speichern.

Kosten schätzen und Budget festlegen

Im Rahmen der Prozesse *Kosten schätzen* (7.1 Estimate Costs) und *Budget festlegen* (7.2 Determine Budget) wird u.a. der Ressourcenbedarf monetär bewertet und daraus ein Kostenentwicklungsbasisplan (Cost Performance Baseline) abgeleitet.[1]

Kosten schätzen

Ziel des Prozesses *Kosten schätzen* (7.1 Estimate Costs) ist es, für jeden Vorgang die Kosten zu schätzen. Auch wenn als Ergebnis eine monetäre Größe erwartet wird, wird in einer frühen Phase dieser Prozess auch oft Aufwandschätzung genannt.[2]

Grundlage für die Schätzung bildet u.a. der Projektterminplan, der u.a. den Ressourcenbedarf (Resource Requirements) und die Schätzung der Dauer jedes Vor-

---

1 Vgl. PMBOK 2008 D, S. 165-178

2 Vgl. PMBOK 2008 D, S. 168-174

gangs ausweist. Ergebnis ist u.a. die Vorgangskostenschätzung, die z.B. durch Bestimmung der Kostensätze der Ressourcen und Bottom-up-Schätzung ermittelt werden kann.

Gehen Sie folgendermaßen vor, um die Kostensätze der Ressourcen zu bestimmen:

1. Wechseln Sie in eine Ressourcen-Ansicht, z.B. *Ressourcen: Tabelle*.
2. Führen Sie einen Doppelklick auf die Zeile mit der gewünschten Ressource aus und wechseln Sie zur Registerkarte *Kosten*.

Abbildg. 1.35 Kostensätze der Ressourcen überprüfen

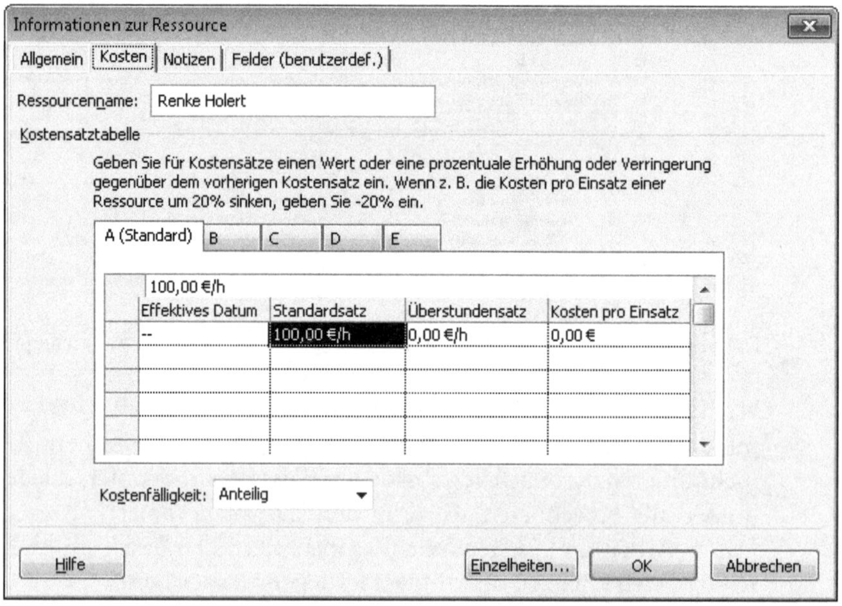

3. Lesen Sie den Standardkostensatz ab. Falls dieser Kostensatz nicht stimmt oder für dieses Projekt ein spezieller Kostensatz (B-E) angelegt werden soll, bitten Sie den verantwortlichen Ressourcen-Manager mit Schreib-/Leserecht für den Enterprise-Ressourcenpool, die entsprechenden Werte anzupassen (Abbildung 1.35).[1]

Um im Rahmen der Bottom-up-Schätzung für jeden Vorgang die Kosten zu schätzen, gehen Sie folgendermaßen vor:

1. Wechseln Sie in die Ansicht *Vorgang Einsatz (Ansicht/Vorgangsansichten/Arbeitsauslastung nach Vorgängen)*.

2. Blenden Sie das Feld *Kostensatztabelle* ein (*Format/Spalten/Spalte einfügen*).
3. Wählen Sie als *Einzelheitenart* den Wert *Kosten* aus (*Format/Details/Kosten*).

[1] Vgl. Holert 2011, S. 165-166

Abbildg. 1.36 Festlegen der Kostensätze der Ressource für den jeweiligen Vorgang

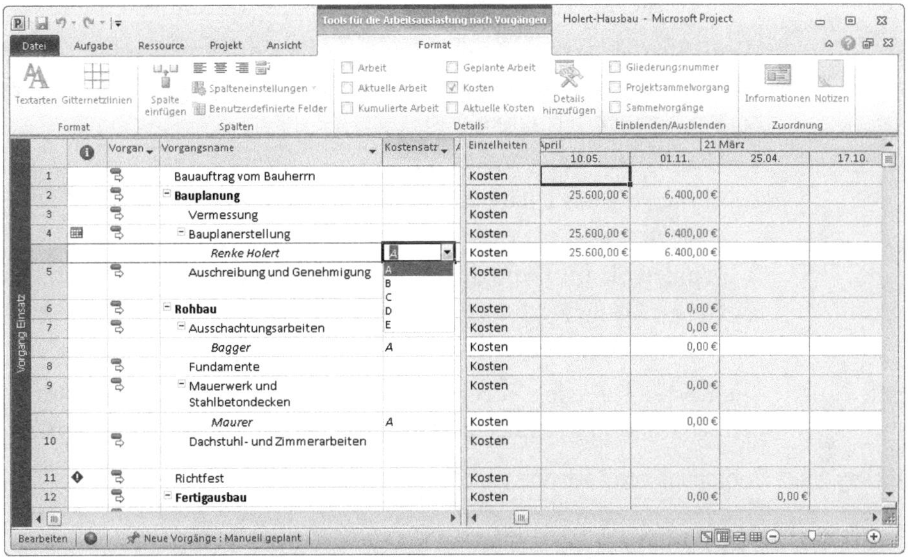

4. Passen Sie ggf. die für die jeweilige Zuordnung verwendete Kostensatztabelle an (Abbildung 1.36).

5. Wählen Sie die Tabelle *Kosten* über die Registerkarte *Ansicht* in der Gruppe *Daten* im Dropdownlistenfeld *Tabellen* aus.

Abbildg. 1.37 Eingabe von pauschalen Fixkosten

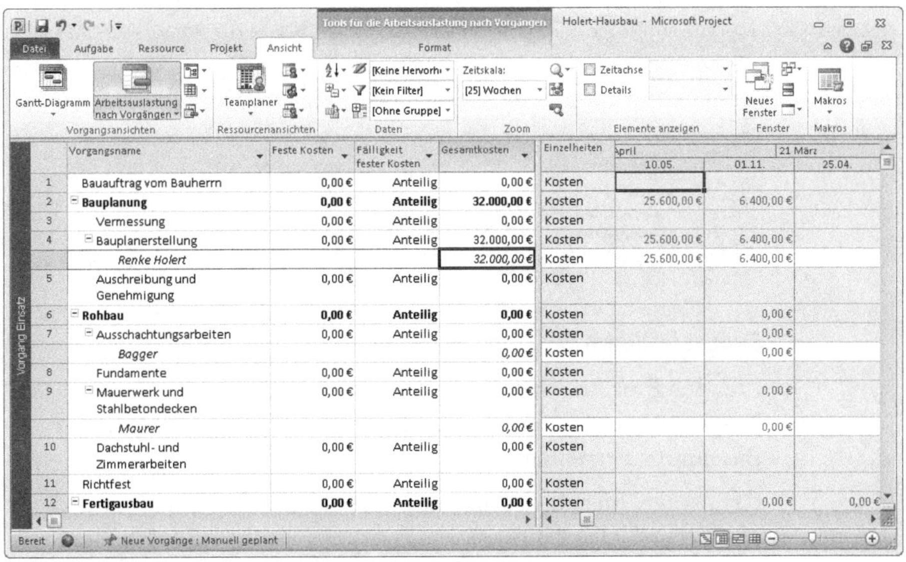

6. Geben Sie Fixkosten, wie z.B. Festpreise, in der Spalte *Feste Kosten* ein (Abbildung 1.37).

7. Wählen Sie die *Fälligkeitsart* in der Spalte *Fälligkeit fester Kosten*. Dies wird in der Regel die Endfälligkeit bei vorleistungspflichtigen Subunternehmern sein.

Wenn Sie die Fixkosten pro Vorgang weiter differenzieren möchten, z.B. nach Kostenarten, dann können Sie dem Vorgang auch Kostenressourcen zuweisen.[1] Gehen Sie dazu folgendermaßen vor:

1. Wählen Sie den Vorgang aus.
2. Öffnen Sie das Dialogfeld *Ressourcen zuordnen* (*Ressource/Zuweisungen/Ressourcen zuweisen*).
3. Wählen Sie im Dialogfeld die entsprechende Kostenressource aus.
4. Geben Sie im Feld *Kosten* den entsprechenden Betrag ein und klicken Sie auf die Schaltfläche *Zuordnen.*

Die Kosten für jeden Vorgang errechnet Project automatisch auf Basis des Ressourcenbedarfs und der Kostensätze sowie der eingegebenen Fixkosten.

Abbildg. 1.38 Zuordnung von Kostenressourcen zu Vorgängen

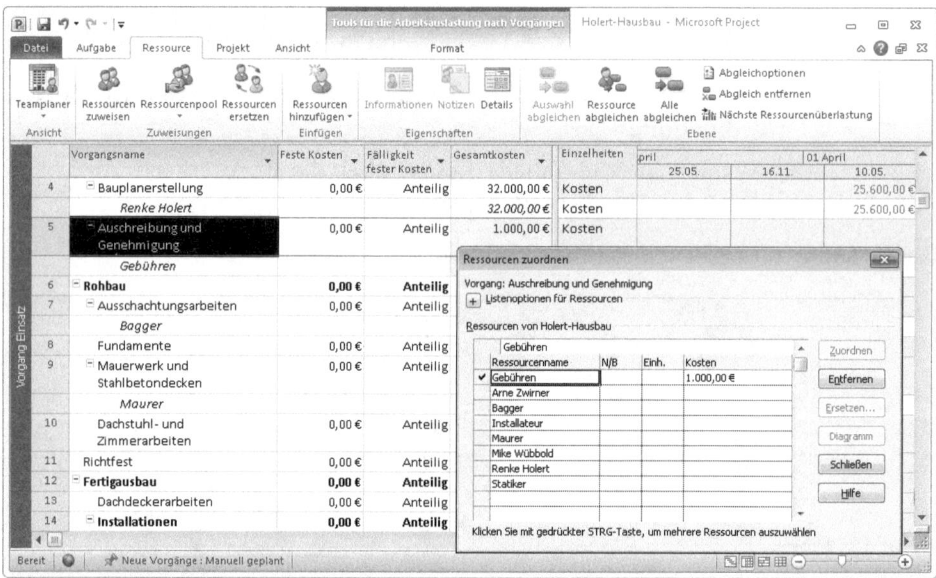

Budget festlegen

Ziel des Prozesses *Budget festlegen* (7.2. Budget Cost) ist es, die Kosten aller Vorgänge zu aggregieren und einen Kostenentwicklungsbasisplan (Cost Performance Baseline) zu erstellen.[2]

Grundlage hierfür ist u.a. die zuvor erstellte Schätzung der Kosten auf Vorgangsebene (Vorgangskostenschätzung). Ausgangswerte sind u.a. der Kostenent-

---

[1] Vgl. Holert 2011, S. 468

[2] Vgl. PMBOK 2008 D, S. 174-179.

wicklungsbasisplan und die Projektfinanzierungsanforderungen. Werkzeuge und Methoden sind u.a. die Kostenzusammenfassung und die Analyse der Reserven.

Die *Kostenzusammenfassung* (Cost Aggregation) wird von Project automatisch im Hintergrund durchgeführt, d.h. die Kosten werden auf allen Aggregationsebenen automatisch errechnet. Sie können z.B. die geschätzten Kosten für das gesamte Projekt im Dialogfeld *Projektstatistik* (*Projekt/Eigenschaften/Projektinformationen/Statistik*) oder im Projektsammelvorgang (Vorgang mit der Nummer 0) in der Ansicht *Vorgang: Einsatz* zeitbezogen ablesen.

HINWEIS Den Projektsammelvorgang blenden Sie über die Registerkarte *Format* in der Gruppe *Einblenden/Ausblenden* ein, indem Sie das Kontrollkästchen *Projektsammelvorgang* aktivieren.

Um einen Kostenentwicklungsbasisplan aus den aggregierten geschätzten Kosten zu erstellen, speichern Sie in Project einen *Basisplan*. Dabei wird u.a. der zeitliche Verlauf der geschätzten Kosten aus dem berechneten Feld *Kosten* in das Feld *Geplante Kosten* übertragen. Dies sowohl für die Gesamtsumme als auch für periodenbezogene Kosten, die in Project als Zeitphasen bezeichnet werden. Die so gespeicherten Kostendaten bleiben fixiert und können grafisch dargestellt und für einen späteren Vergleich verwendet werden, z.B. für eine »Abweichungsanalyse zum Kontrollzeitpunkt« und »Abweichungsanalyse zum Fertigstellungszeitpunkt«.[1]

Um einen Basisplan zu erstellen und darzustellen, gehen Sie folgendermaßen vor:

Abbildg. 1.39 Speichern der Planwerte

[1] Vgl. Holert 2011, S. 222-229

1. Speichern Sie den Basisplan über die Registerkarte *Projekt*. In der Gruppe *Zeitplan* klicken Sie auf das Dropdownlistenfeld *Basisplan festlegen* und wählen den Eintrag *Basisplan festlegen* aus.

Abbildg. 1.40 Planwerte ablesen

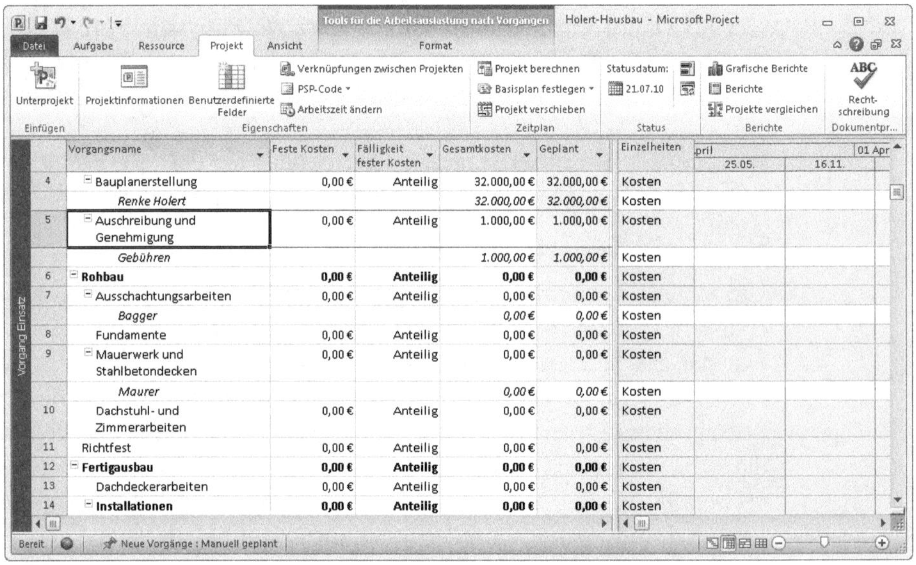

2. Überprüfen Sie, ob die Tabelle *Kosten* noch ausgewählt ist.

Abbildg. 1.41 Projektkosten nach Quartalen

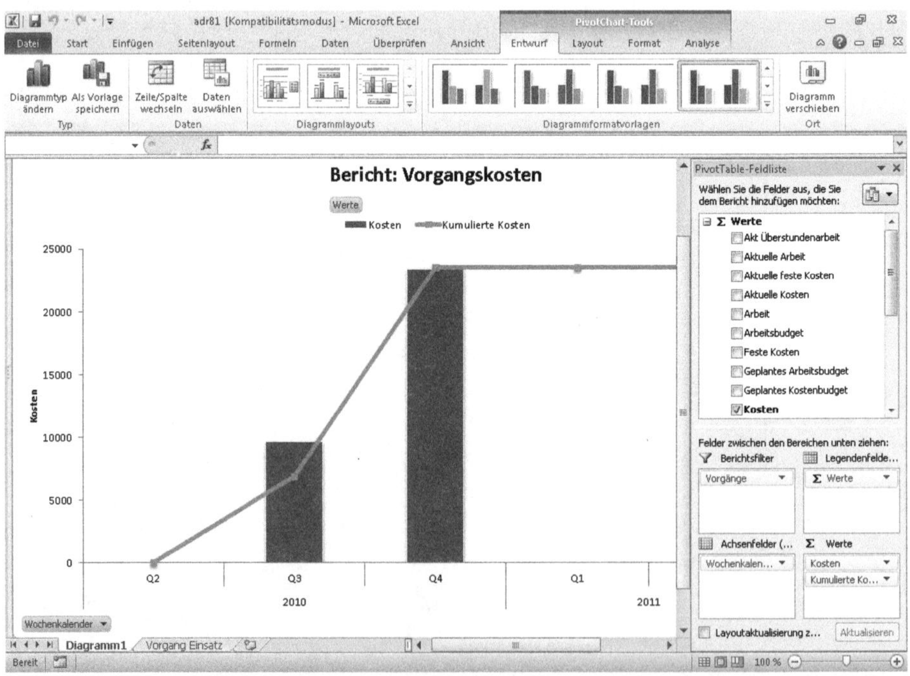

3. Stellen Sie sicher, dass die Kosten von der Spalte *Kosten* in die Spalte *Geplante Kosten* übertragen worden sind (die Spalte *Geplante Kosten* ist standardmäßig in der Tabelle *Kosten* in *Geplant* umbenannt).
4. Lesen Sie die geplanten Kosten auf den jeweiligen Ebenen der Vorgangsliste ab. Sie können die Ansicht auch nach PSP-Elementen (Arbeitspaketen) gliedern, wie im Abschnitt »Inhalt und Umfang definieren sowie Projektstrukturplan erstellen« ab Seite 25 beschrieben wurde.
5. Überprüfen Sie, ob in der Projektstatistik diese Werte auf Projektebene ebenfalls übernommen wurden.
6. Drucken Sie ggf. die Planwerte als grafischen Bericht aus. Da die Planwerte zum Zeitpunkt der Speicherung des Basisplans identisch mit den berechneten Werten sind, verwenden Sie hierzu z.B. den Bericht mit dem Namen *Bericht: Vorgangskosten*. Rufen Sie dazu das Dialogfeld *Grafische Berichte* auf (*Projekt/Berichte/Grafische Berichte*).
7. Wählen Sie dann auf der Registerkarte *Vorgang Einsatz* den Eintrag *Bericht: Vorgangskosten* aus und klicken auf die Schaltfläche *anzeigen*.[1]

Danach wird der in Abbildung 1.41 gezeigte Bericht aufgerufen.

Abbildg. 1.42 Berechnete und geplante Termine

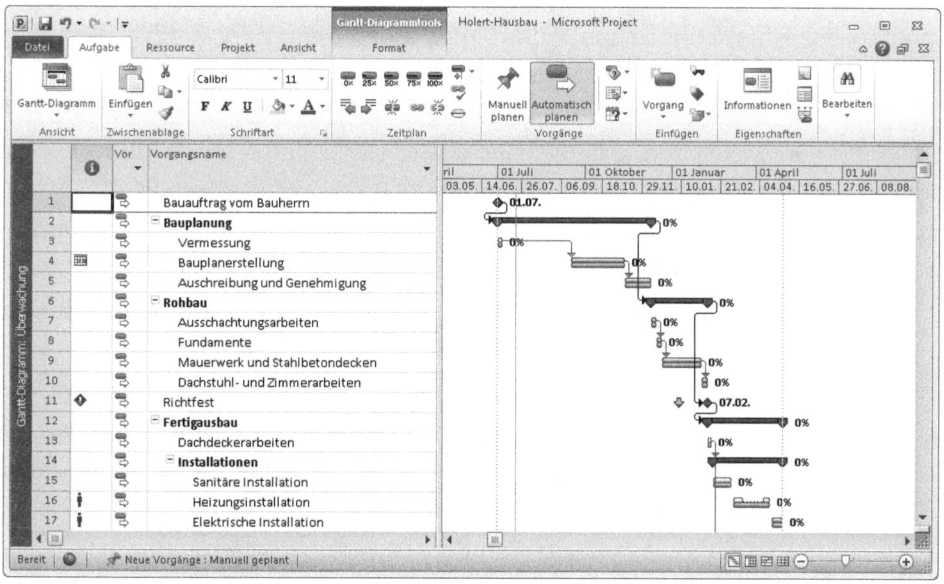

---

[1] Dieser Bericht entspricht in Teilen der sogenannten S-Kurve

HINWEIS Neben den Kosten sind auch die Termine in die entsprechenden Planfelder wie z.B. *Geplanter Anfang* und *Geplantes Ende* übertragen worden. Sie können zudem in der Ansicht *Gantt-Diagramm: Überwachung* die Plantermine in Form von grauen Balken unter den normalen blauen bzw. roten Vorgangsbalken sehen, die die berechneten Termine repräsentieren (Abbildung 1.42).

Im Rahmen des Prozesses *Analyse der Reserven* (Reserve Analysis) werden Risikoreserven wie z.B. die Managementrisikoreserve gebildet. Diese deckt z.B. ungeplante Kosten ab und ist damit im Kostenentwicklungsbasisplan nicht enthalten. Die Reserve ist jedoch als Zuschlag gegenüber den geplanten Kosten im Projektbudget enthalten.

In Project können Sie die Managementrisikoreserve z.B. als Budgetressourcen dem Projektsammelvorgang zuweisen.[1]

Die Managementrisikoreserve und der Gesamtkostenbasisplan bilden gemeinsam die Projektfinanzierungsanforderungen.

Risikomanagement planen

Im Rahmen des Prozesses *Risikomanagement planen* (11.1 Plan Risk Management)[2] wird ein Plan entwickelt, wie in diesem Projekt Risikomanagement betrieben werden soll.[3] Dieser *Risikomanagementplan* (11.3 Risk Management Plan) sollte folgende Inhalte umfassen:

- **Methodik (Methodology)** Allgemeine Methodik und Quellen hierfür
- **Rollen und Verantwortlichkeiten (Roles and responsibilities)** Zuordnung von Personen zu bestimmten Aktionen im Risikomanagementplan
- **Budgetierung (Budgeting)** Festlegung des Ressourcenbedarfs und Kosten schätzen für das Risikomanagement
- **Zeitliche Planung (Timing)** Definition, wann und wie oft im Projekt Risikomanagement betrieben werden soll
- **Risikokategorien (Risk categories)** Kategorisierung typischer Risiken
- **Definition der Risikowahrscheinlichkeit und -auswirkung (Definitions of risk probability and impact)** Festlegung, wie die Eintrittswahrscheinlichkeit und das Ausmaß der Auswirkung beschrieben wird
- **Wahrscheinlichkeits- und Auswirkungsmatrix (Probability and impact matrix)** Matrixdarstellung von Gefahren und Chancen bewertet nach Wahrscheinlichkeit

---

1 Vgl. Holert 2011, S. 280-284

2 Vgl. PMBOK 2008 D, S. 276-279

3 Börsennotierte Aktiengesellschaften sind durch das Gesetz zur Kontrolle und Transparenz im Unternehmensbereich (KonTraG) verpflichtet, ein Risikomanagementsystem einzurichten.

- **Revidierte Stakeholder-Toleranzen (Revised stakeholder's tolerances)** Festlegung der Schwellwerte in Abhängigkeit von der Risikoakzeptanz der Projektbeteiligten, wann Aktionen unternommen werden sollen
- **Berichtsformate (Reporting Formats)** Beschreibung, von Inhalt und Form des Risikoregisters, der Risikoberichte und Festlegung, wie die Ergebnisse der Risikomanagementprozesse dokumentiert, analysiert und kommuniziert werden
- **Nachverfolgung (Tracking)** Beschreibung, wie alle Aktivitäten des Risikomanagements dokumentiert werden, um u.a. eine Wissensbasis für zukünftige Projekte zu schaffen

Der Risikomanagementplan selbst kann beispielsweise mit Word verfasst und in der integrierten Dokumentverwaltung von Project Server abgelegt werden. Das Vorgehen wurde bereits im Abschnitt »Initiierungsprozesse« ab Seite 19 beschrieben.

Sie können das Dokument mit dem zugehörigen Vorgang oder Vorgängen verknüpfen. Gehen Sie dazu folgendermaßen vor:

1. Laden Sie das Dokument in die Dokumentbibliothek *Projektdokumente*, wie im Abschnitt »Initiierungsprozesse« ab Seite 19 beschrieben wurde.
2. Klicken Sie in der Spalte *Name* auf den Pfeil, der das Dropdownlistenfeld anzeigt und wählen Sie in der Liste den Eintrag *Eigenschaften bearbeiten* aus.

Abbildg. 1.43 Dokument mit Vorgang verknüpfen – 1

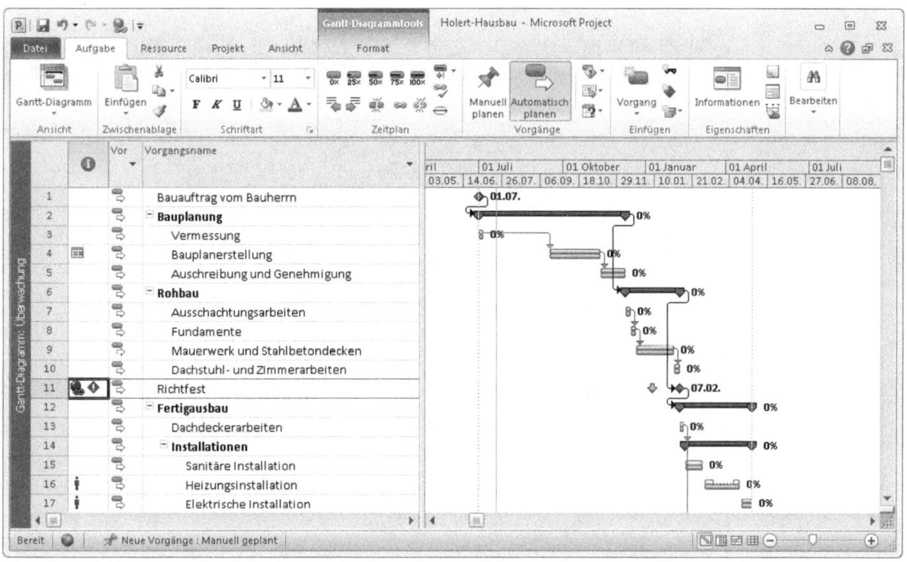

Abbildg. 1.44 Dokument mit Vorgang verknüpfen – 2

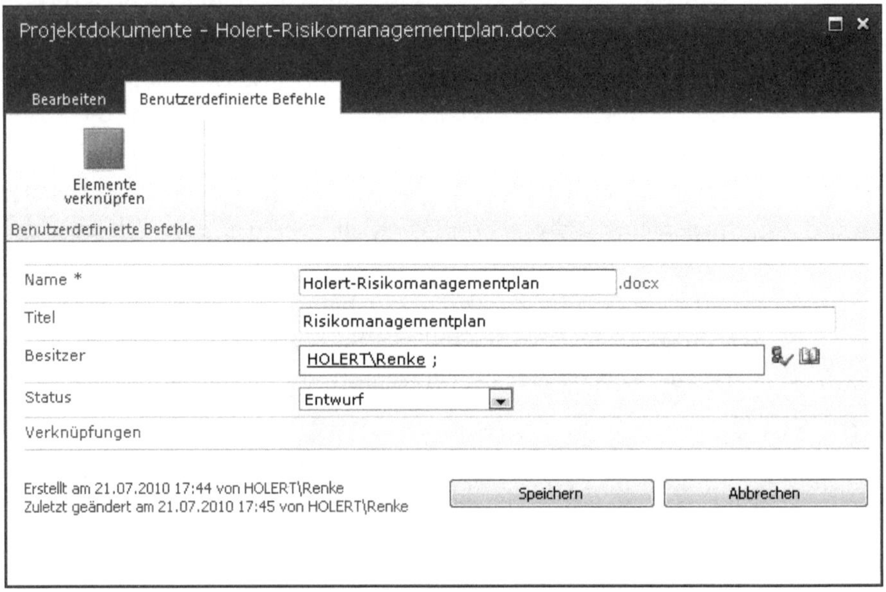

3. Klicken Sie auf der Registerkarte *Benutzerdefinierte Befehle* in der Gruppe *Benutzerdefinierte Befehle* auf die Schaltfläche *Elemente verknüpfen*.

Abbildg. 1.45 Auswahl des Vorgangs

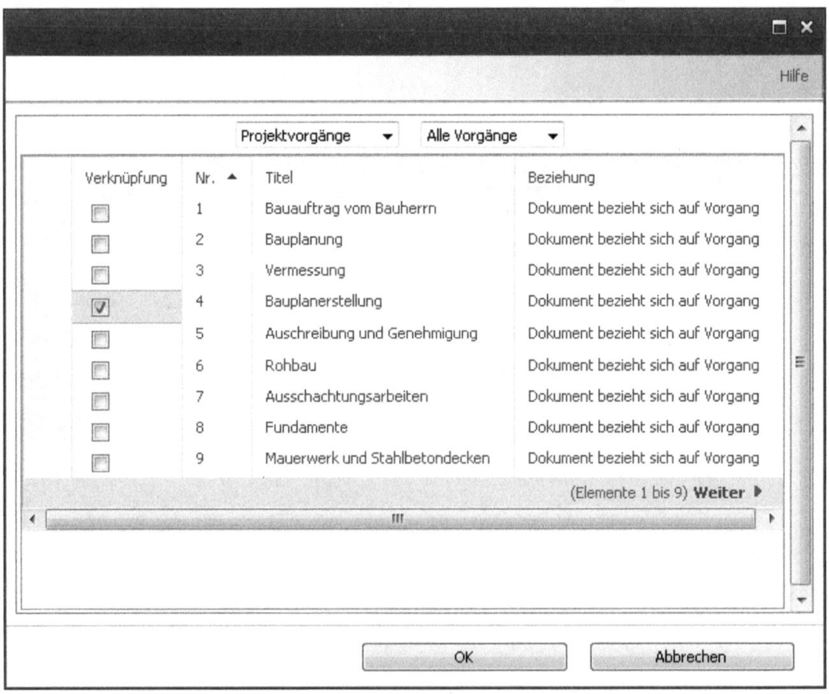

4. Aktivieren Sie in der Spalte *Verknüpfung* das Kontrollkästchen für den Vorgang, den Sie mit dem Dokument verknüpfen möchten, und klicken Sie auf die Schaltfläche *OK*.
5. Klicken Sie hiernach im Menüband auf der Registerkarte *Bearbeiten* auf die Schaltfläche *Speichern*, um die Änderungen an den Dokumenteigenschaften zu übernehmen.

Die mit dem Vorgang verknüpften Dokumente werden u.a. im Bereich *Vorgänge* und in den Projektansichten der Project Web App angezeigt. Sie können als Projektleiter auf folgende Art und Weise auf die Ansicht zugreifen.

1. Wählen Sie den Menübefehl *Projekte/Project Center* aus.
2. Klicken Sie in der Projektliste auf das entsprechende Projekt.

Abbildg. 1.46 Vorgang mit verknüpften Dokumenten

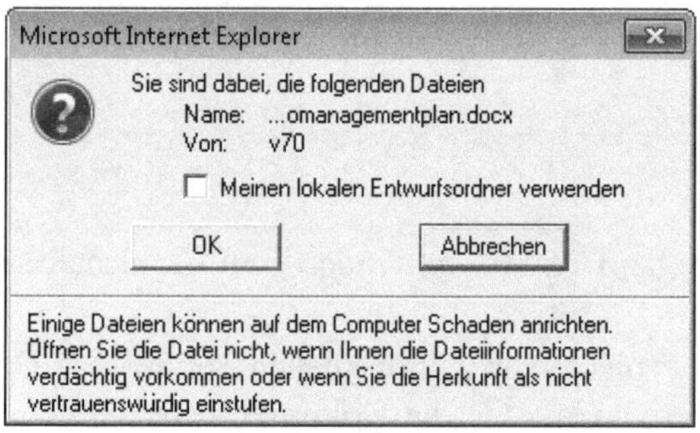

3. Sie erkennen Vorgänge mit verknüpften Dokumenten an dem in der Indikatorspalte abgebildeten Dokumentsymbol (Abbildung 1.46). Um das zugehörige Dokument bzw. zugehörigen Dokumente anzuzeigen, klicken Sie mit der Maus auf das Dokumentsymbol.

Leider wird in Project selbst nicht automatisch ein Hyperlink in der Indikatoren-Spalte erstellt. Sie können diese jedoch manuell nachholen. Gehen Sie dazu folgendermaßen vor:

HINWEIS Standardmäßig wird der Befehl *Hyperlink einfügen* im Menüband nicht mehr angezeigt. Sie können diesen jedoch über *Datei/Optionen/Symbolleiste für den Schnellzugriff* in die gleichnamige Symbolleiste hinzufügen.

1. Klicken Sie auf das Hyperlinksymbol in der Symbolleiste für den Schnellzugriff.

Abbildg. 1.47 Hyperlink einfügen

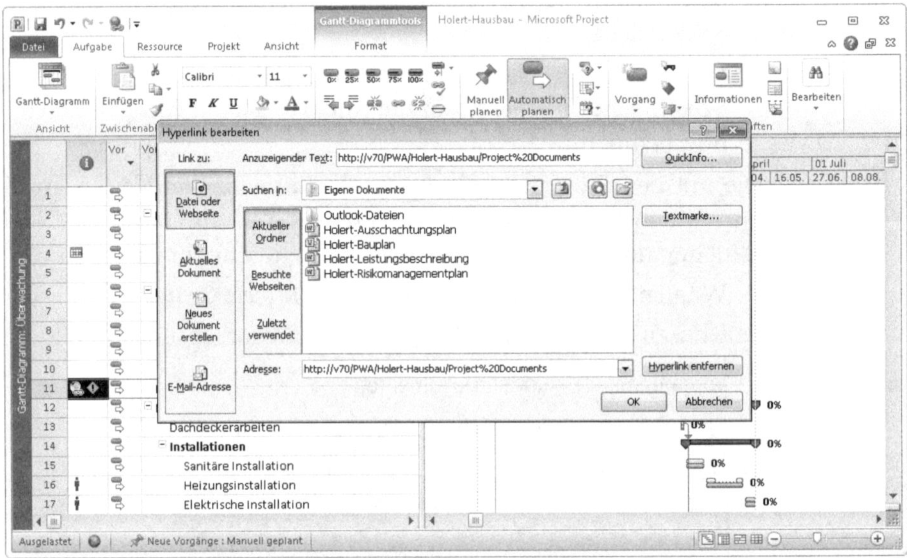

2. Klicken Sie im Dialogfeld *Hyperlink einfügen* auf die Schaltfläche *Web durchsuchen.*
3. Wechseln Sie in die Projektansicht und klicken Sie auf das Dokumentsymbol wie zuvor beschrieben, sodass Sie die Dokumentliste für den entsprechenden Vorgang sehen.
4. Wechseln Sie zurück zum Dialogfeld *Hyperlink einfügen* und klicken Sie auf die Schaltfläche *OK.*

Abbildg. 1.48 Hyperlink zur Dokumentliste des Vorgangs

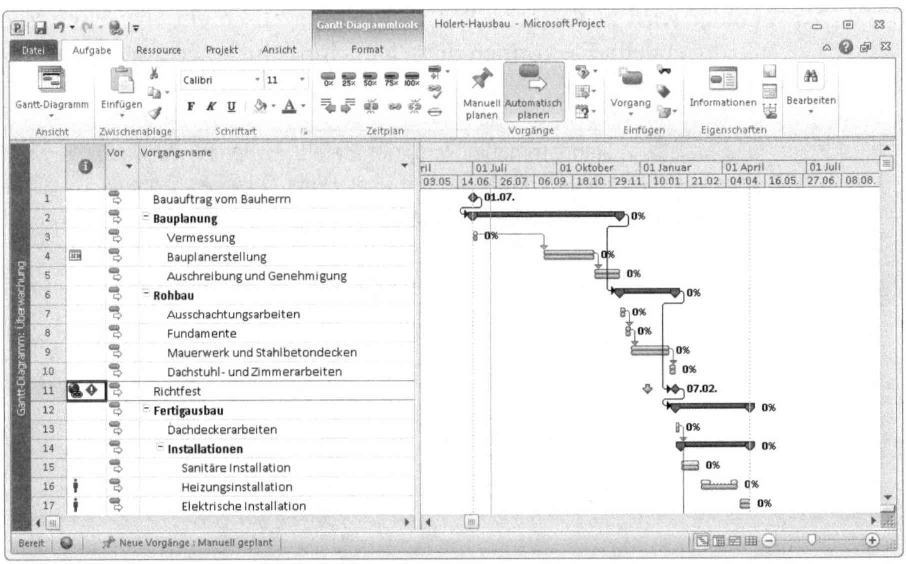

5. Sie können jetzt über einen einfachen Klick auf das Hyperlinksymbol in der Indikatorspalte die Dokumentliste anzeigen.

Der Risikomanagementplan sollte, wie auch die gesamte übrige Projektdokumentation, für alle Projektbeteiligten lesbar und kommentierbar sein. Es dürfen jedoch keine Änderungen ohne Einwilligung des Projektleiters bzw. des verantwortlichen Erstellers vorgenommen werden. Das geht zum Beispiel, indem das Dokument

- als Word-Dokument mit aktiviertem Überarbeitungsmodus oder

NEU IN 2010

- im Portable Document Format (PDF) gespeichert wird. Ein Projektplan kann in der 2010er-Version von Project standardmäßig ohne zusätzliche Werkzeuge als PDF-Dokument gespeichert werden.

Sie können für einen eingeschränkten Zugriff auch für jede Benutzergruppe eine Dokumentbibliothek erstellen und für diese entsprechende Zugriffsrechte festlegen (siehe den Abschnitt »Festlegung der Zugriffsrechte« ab Seite 70).

Project kann auch bei den Prozessen *Risiken identifizieren*, *Qualitative Risikoanalyse* und *Quantitative Risikoanalyse durchführen* sowie *Risikobewältigungsmaßnahmen planen* (11.2, 11.3, 11.4 und 11.5) Hilfe leisten. Sie können z.B. die eigentlichen Risiken in der Risikoliste im Project Web App von Project Server ablegen. Gehen Sie dazu folgendermaßen vor:

1. Klicken Sie im Menüband auf die Registerkarte *Datei* und wählen Sie im rechten Bereich unter *Verwandte Einträge* den Eintrag *Risiken* aus.
2. Klicken Sie auf die Schaltfläche *Neu*

Abbildg. 1.49 Neuen Eintrag für ein Risiko erstellen

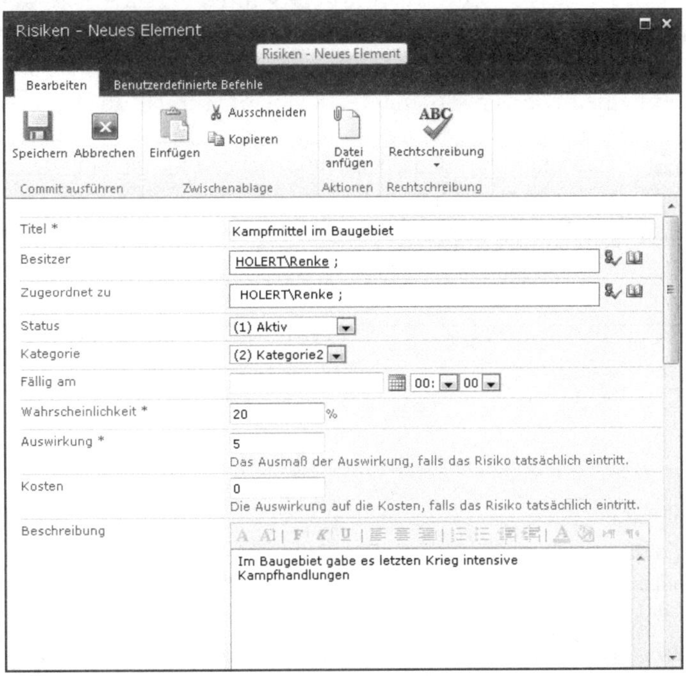

3. Geben Sie im Feld *Titel* eine Bezeichnung des Risikos ein und füllen Sie die übrigen Felder aus. Sie können das Risiko auch mit einem Vorgang verknüpfen. Es wird dann wie bei den Dokumenten über das in der Marginalspalte abgebildete Symbol u.a. im Bereich *Vorgänge* und in der Projektansicht darauf hingewiesen, dass zu dem Vorgang Risiken hinterlegt wurden (siehe Kapitel 2).

Projektmanagementplan entwickeln

Es schließt sich der Prozess *Projektmanagementplan entwickeln* (4.2 Develop Project Management Plan) an.[1] Ziel ist es, alle gesammelten Daten zu integrieren, zu überarbeiten und in einer Gesamtübersicht darzustellen. Da die Kerndaten bereits in Project eingegeben wurden und Project diese automatisch integriert, reduziert sich die Arbeit auf das Zusammenstellen aller Dokumente und Verknüpfung mit dem Projektplan. Ergänzt wird dieser Prozess ggf. um den Prozess *Kommunikation planen*[2] (10.2 Plan Communications), in dem u.a. auch festgelegt wird, wie Projektinformationen erfasst und abgelegt werden sowie wer welche Informationen benötigt und wie er Zugang hierzu erhält. Hierzu gehört u.a. auch die

- Versionsverwaltung und die
- Festlegung der Zugriffsrechte

Versionsverwaltung

Um die noch fehlenden Dokumente in den Dokumentbibliotheken der Projektwebsite abzulegen, gehen Sie wie im Abschnitt »Initiierungsprozesse« ab Seite 19 beschrieben wurde vor. Eine ausführliche Auflistung aller Teilpläne und sonstigen Dokumente finden Sie im PMBOK® Guide.[3] Falls Sie Dokumente überarbeiten, können Sie den alten Stand des Dokuments als Version sichern und für das aktuelle Dokument eine neue Version erstellen (Versionsverwaltung).

HINWEIS Standardmäßig ist die Versionsverwaltung für die Projektwebsite nicht aktiviert. Aktivieren Sie die Versionsverwaltung ggf. über die Einstellungen der Dokumentbibliothek (*Bibliothek/Einstellungen/Bibliothekseinstellungen/Versionierungseinstellungen*). Wir empfehlen, den Versionslauf auf Haupt- und Nebenversionen (Entwürfe) mit jeweils neun Versionen festzulegen und das Auschecken zu erfordern.

---

1 Vgl. PMBOK 2008 D, S. 78-81

2 Vgl. PMBOK 2008 D, S. 251-256

3 Vgl. PMBOK 2008 D, S. 82

Führen Sie dazu die folgenden Schritte aus:

Abbildg. 1.50 Auschecken und öffnen des Dokuments

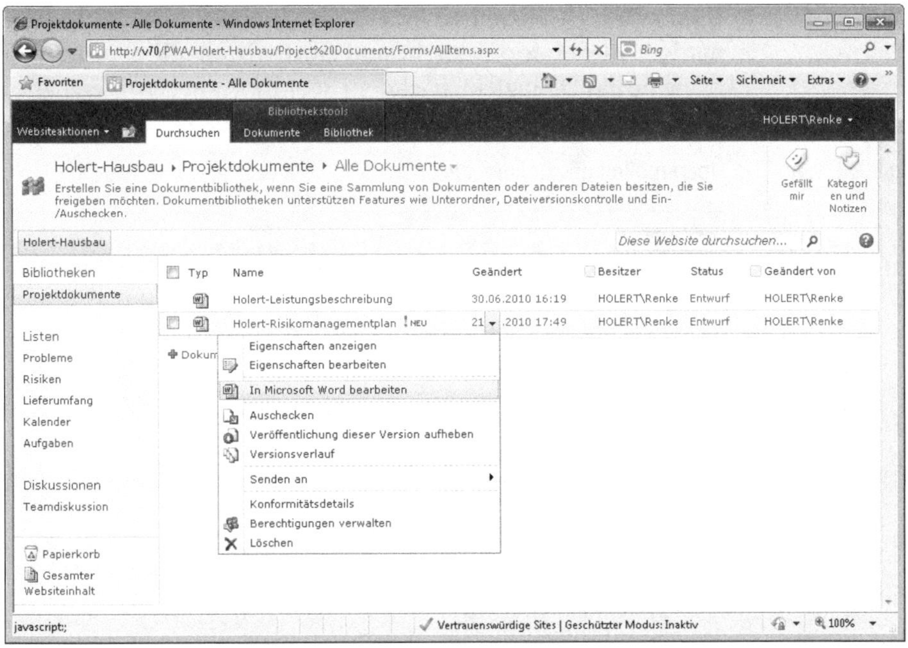

1. Klicken Sie auf den Dropdownpfeil des betreffenden Dokuments und wählen Sie im Kontextmenü den Menüeintrag *In Microsoft Word bearbeiten* aus.

Abbildg. 1.51 Auschecken in den lokalen SharePoint Entwurfsordner

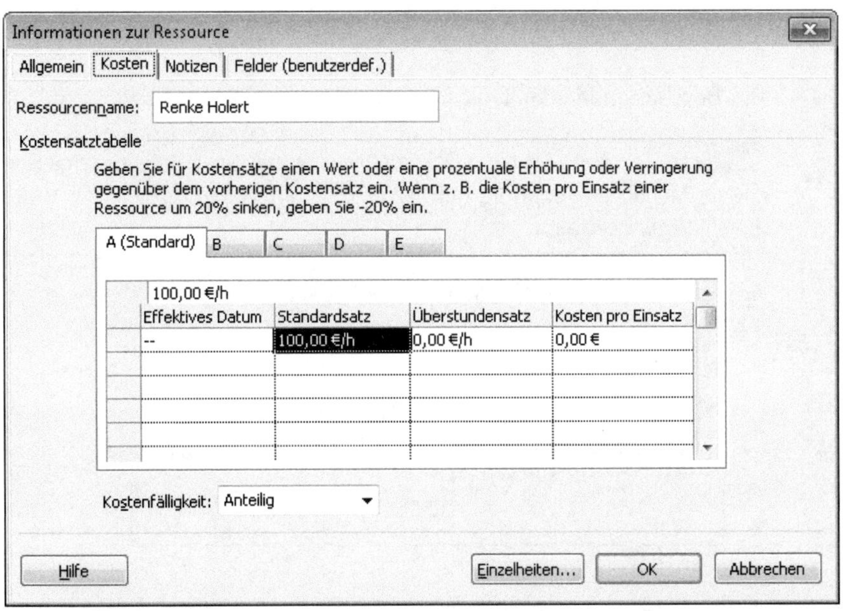

2. Aktivieren Sie das Kontrollkästchen *Meinen lokalen Entwurfsordner verwenden* nur, wenn Sie planen, das Dokument ohne Verbindung zum Server zu bearbeiten. In diesem Fall würde das Dokument im Ordner *SharePoint-Entwürfe* in Ihrem Ordner *Dokument* im Dateisystem abgelegt und beim Einchecken automatisch wieder dort gelöscht und zur Dokumentbibliothek hochgeladen. Bestätigen Sie das Dialogfeld, nachdem Sie Ihre Wahl getroffen haben, mit der Schaltfläche *OK*.

Abbildg. 1.52 Überarbeiten des Dokuments

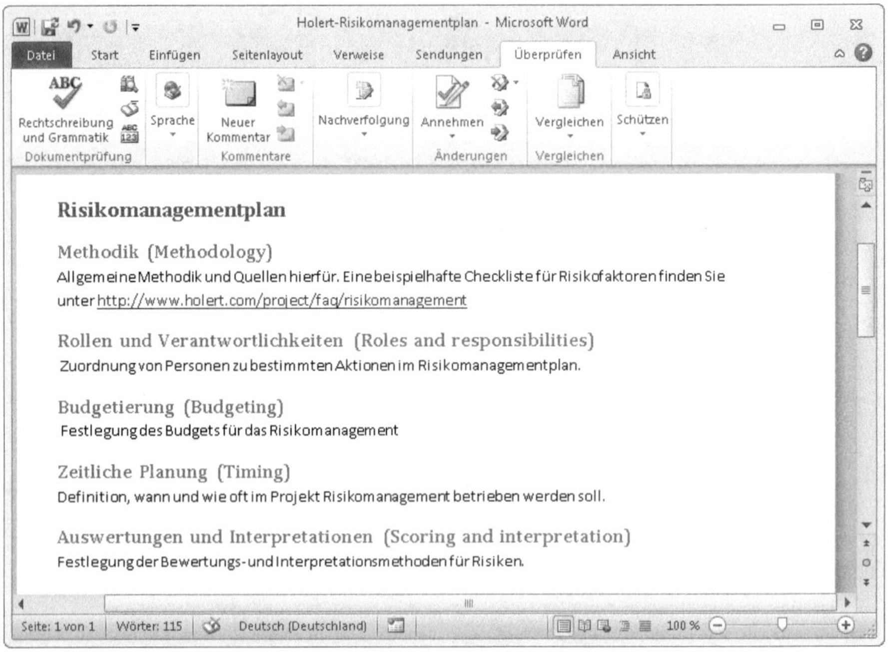

3. Bearbeiten Sie das Dokument.

TIPP Wenn Sie diese Dokumentversion mit einer anderen vergleichen möchten, wählen Sie im Menüband von Word auf der Registerkarte *Überprüfen* in der Gruppe *Vergleichen* den Befehl *Vergleichen* aus.

4. Speichern und schließen Sie das Dokument.

Abbildg. 1.53 Einchecken bestätigen

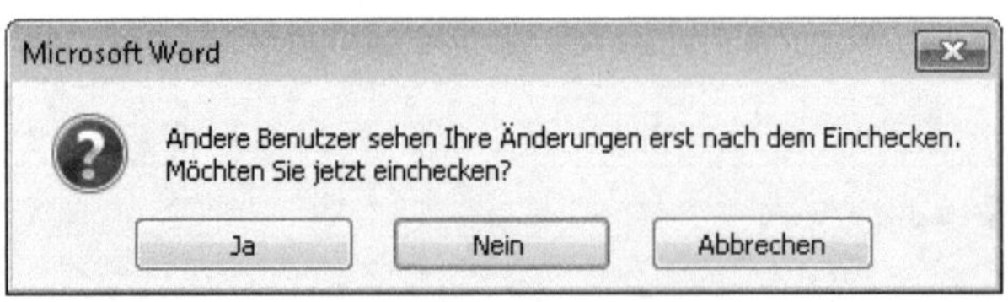

5. Bestätigen Sie im folgenden Dialogfeld den Eincheckvorgang mit der Schaltfläche *Ja*.

Abbildg. 1.54 Angabe des Kommentars zur Version

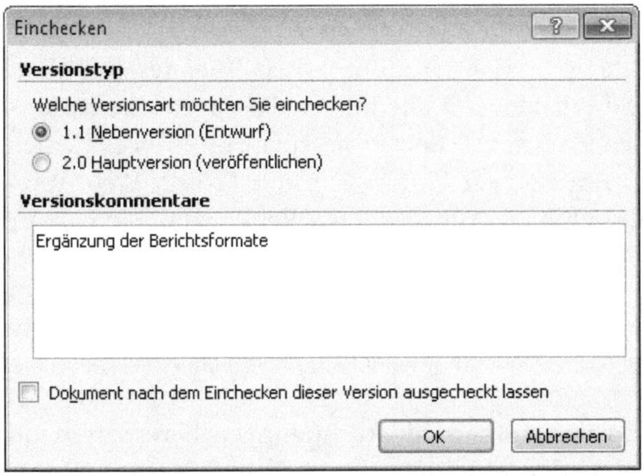

6. Geben Sie im Feld *Versionskommentare* eine Beschreibung der Änderungen ein und klicken Sie auf die Schaltfläche *OK*.
7. Um den Versionsverlauf anzuzeigen, klicken Sie auf den gleichnamigen Menüeintrag im Kontextmenü.

Abbildg. 1.55 Versionsverlauf

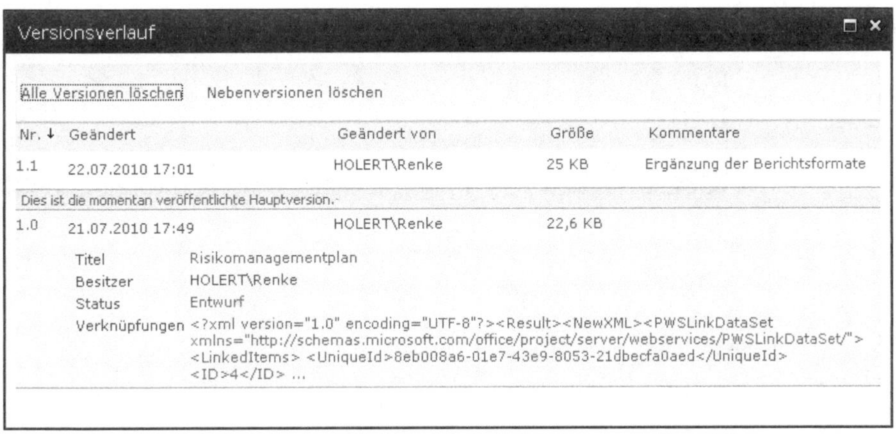

8. Die einzelnen Versionen und die zugehörigen Kommentare können Sie in der Liste ablesen und ggf. alte Versionen wiederherstellen oder löschen.

HINWEIS Beachten Sie, dass bei aktivierten Haupt- und Nebenversionen, je nach Konfiguration in den Bibliothekseinstellungen, Benutzer mit Lesezugriff, also z.B. Projektteammitglieder, ohne Vorgangszuordnungen ggf. nur Hauptversionen sehen können.

Verknüpfen Sie – falls noch nicht geschehen – die Dokumente mit den zugehörigen Vorgängen wie im Abschnitt »Risikomanagement planen« ab Seite 60 ausführlich beschrieben.

Festlegung der Zugriffsrechte

Einige Projektbeteiligte erhalten automatisch Zugang zum Projektplan und der Projektwebsite. So erhalten z.B. alle im Projekt zugeordneten Ressourcen automatisch u.a. lesenden Zugriff auf den Projektplan im Project Center als auch schreibenden Zugang zum Bereich *Vorgänge* in der Project Web App. Darüber hinaus können standardmäßig alle zugeordneten Ressourcen alle Dokumente und Listen in der Projektwebsite einsehen und bearbeiten.

HINWEIS Beachten Sie, dass Projektteammitglieder, die nicht als Ressourcen mindestens einem Vorgang zugeordnet sind, nur lesenden Zugriff auf die Projektwebsite erhalten.

In der Regel sind diese Standardberechtigungen bereits treffend und durch die automatische Berechtigungsvergabe durch den Project-Server werden Sie davon entlastet, diese Berechtigungen manuell zu vergeben. Sofern Sie jedoch die Standardberechtigungen anpassen möchten, gehen Sie folgendermaßen vor:

NEU IN 2010

1. Wählen Sie in Project auf der Registerkarte *Datei* die Kategorie *Informationen* aus. Klicken Sie dann im Abschnitt *Berechtigungen* auf den Befehl *Berechtigungen festlegen*. Anschließend öffnet sich in der Project Web App die Registerkarte *Berechtigungen*.

Abbildg. 1.56 Abweichende Projektberechtigungen festlegen

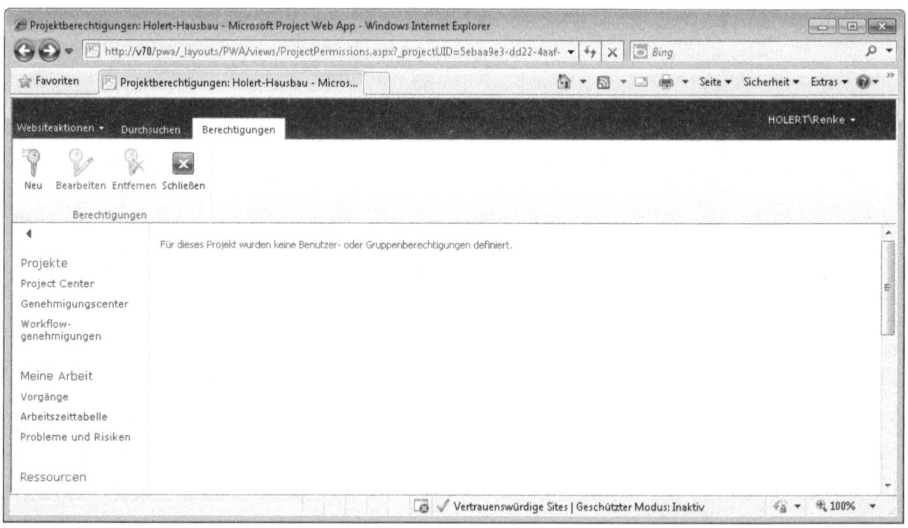

2. Klicken Sie auf der Registerkarte *Berechtigungen* in der Gruppe *Berechtigungen* auf den Befehl *Neu*.

Abbildg. 1.57 Festlegen der Zugriffsrechte für den Projektplan sowie Projektdokumente und -listen

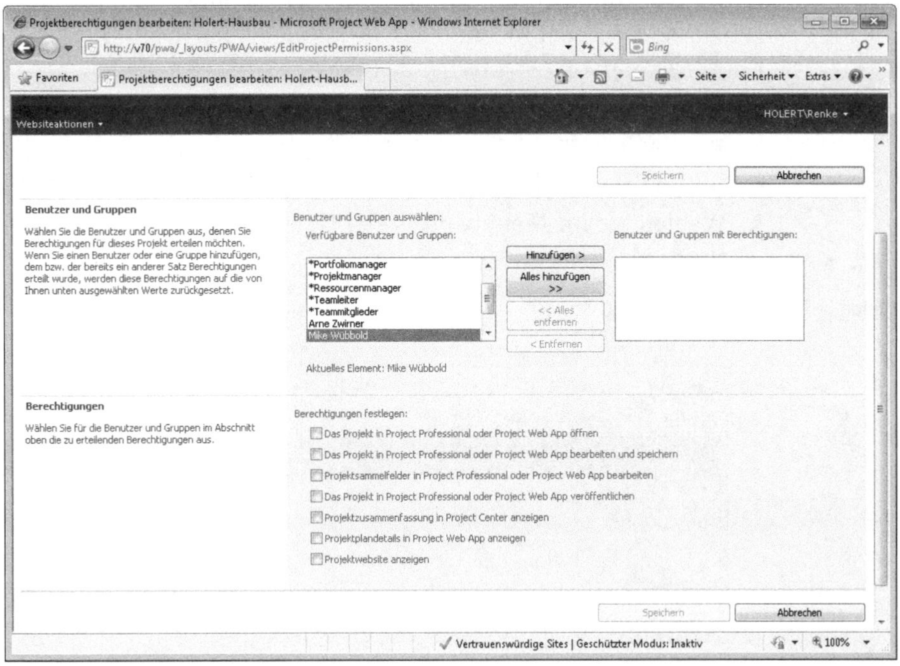

3. Wählen Sie einzelne Benutzer oder eine Gruppe aus, für die Sie die Standardberechtigungen überschreiben möchten, und klicken Sie dann auf die Schaltfläche *Hinzufügen*.
4. Aktivieren Sie das Kontrollkästchen vor der gewünschten Berechtigung. Mehr Informationen zu den Berechtigungen finden Sie im Profibuch.[1]

Da Sie hinsichtlich der Projektwebsite nur das Recht *Projektwebsite anzeigen* vergeben können, gilt wie oben beschrieben die Regel, dass Projektteammitglieder, die keinem Vorgang zugewiesen sind, lesenden Zugriff erhalten. Projektteammitglieder, die einem Vorgang zugeordnet sind, erhalten standardmäßig schreibenden Zugriff. Das bedeutet, dass sie u.a. das Recht haben, in jeder Dokumentbibliothek Dokumente zu lesen, hinzuzufügen, zu ändern und zu löschen.

HINWEIS Technisch vergibt Project Server für den lesenden Zugriff die Berechtigungsstufe *Leser (Microsoft Project Server)*, für den schreibenden Zugriff die Berechtigungsstufe *Teammitglieder (Microsoft Project Server)*. Als Projektleiter bekommen Sie standardmäßig die Berechtigungsstufe *Projektmanager (Microsoft Project Server)*. Diese Berechtigungsstufe umfasst standardmäßig nicht die Websiteberechtigung *Berechtigungen verwalten*, d.h. Sie müssen sich dieses Recht erst von Ihrem Administrator gewähren lassen.

[1] Vgl. Holert 2011, S. 472-480

Wenn Sie dies für Ihre Projektwebsite nicht wünschen, können Sie ggf. zusammen mit Ihrem Administrator die Sicherheitseinstellungen für alle Dokumentbibliotheken abweichend definieren. D.h. Sie können allen Teammitgliedern oder auch nur Einzelnen hiervon entsprechende Rechte geben oder entziehen. Gehen Sie dazu folgendermaßen vor:

1. Wechseln Sie auf die Startseite der Projektwebsite.
2. Klicken Sie im Menü *Websiteaktionen* auf den Eintrag *Websiteberechtigungen.*
3. Wählen Sie im Menüband in der Gruppe *Verwalten* den Befehl *Berechtigungsstufen* aus.

Abbildg. 1.58 Berechtigungsstufen

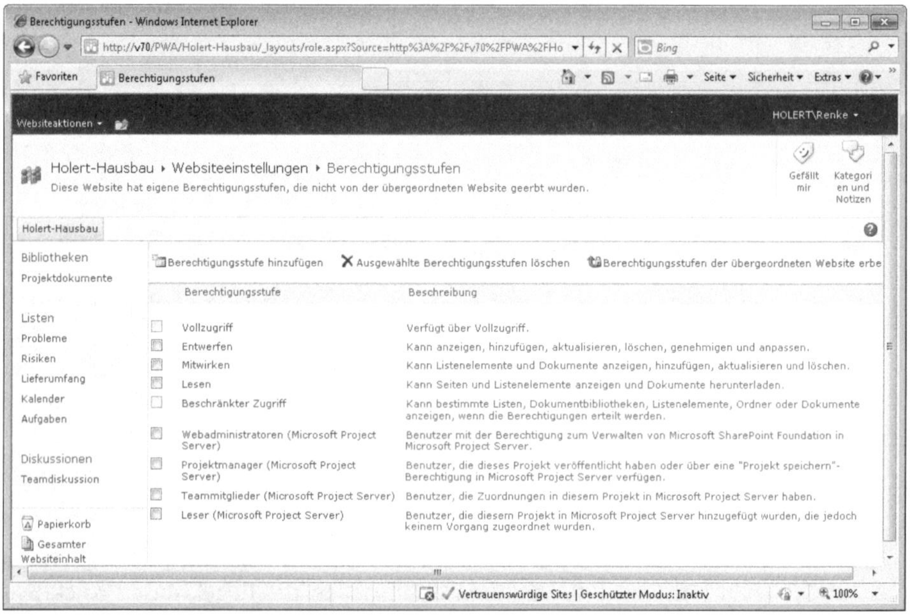

4. Klicken Sie auf die entsprechende Gruppe z.B. *Teammitglieder (Microsoft Project Server).*
5. Passen Sie für die Gruppe die Rechte entsprechend Ihren Wünschen an und klicken Sie danach auf die Schaltfläche *Absenden.*

Abbildg. 1.59 Berechtigungsstufe bearbeiten

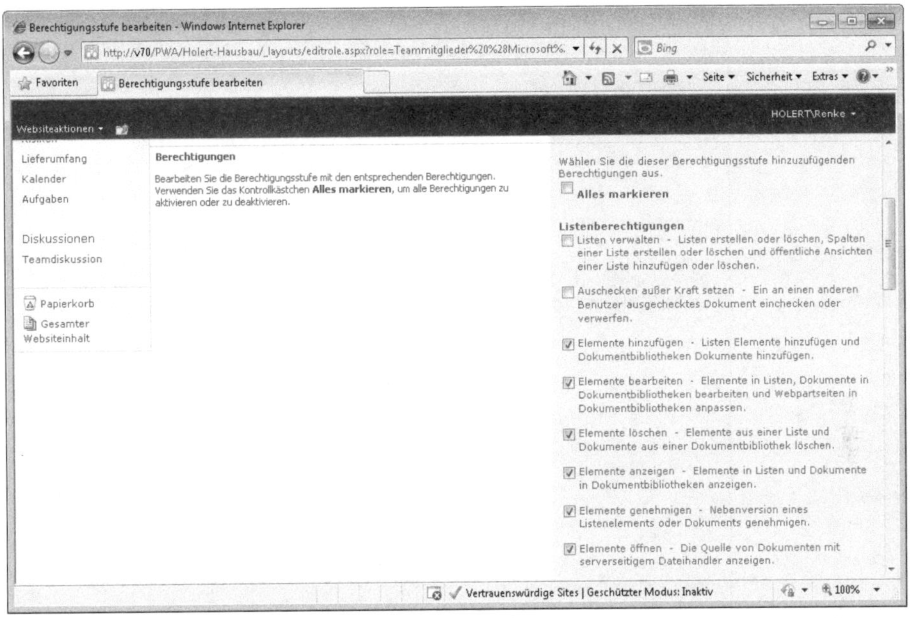

Standardmäßig erbt jede Dokumentbibliothek die Rechte der Website. Sie können alternativ auch die Rechte für eine oder mehrere Dokumentbibliotheken dediziert festlegen. Gehen Sie dazu folgendermaßen vor:

1. Wechseln Sie in die entsprechende Dokumentbibliothek.
2. Klicken Sie im Menüband auf die Registerkarte *Bibliothek* in der Gruppe *Einstellungen* auf den Befehl *Bibliothekseinstellungen.*
3. Klicken Sie auf der folgenden Seite im Bereich *Berechtigung und Verwaltung* auf die Verknüpfung *Berechtigungen für Dokumentbibliothek.*

4. Wählen Sie im Menüband in der Gruppe *Vererbung* den Befehl *Berechtigungsvererbung beenden.*

5. Aktivieren Sie das Kontrollkästchen vor dem Namen des Projektbeteiligten (Stakeholders) und klicken Sie im Menüband in der Gruppe *Ändern* auf den Befehl *Benutzerberechtigungen bearbeiten.*

Abbildg. 1.60 Festlegung der Zugriffsrechte für einen Projektbeteiligten auf Dokumentbibliotheksebene

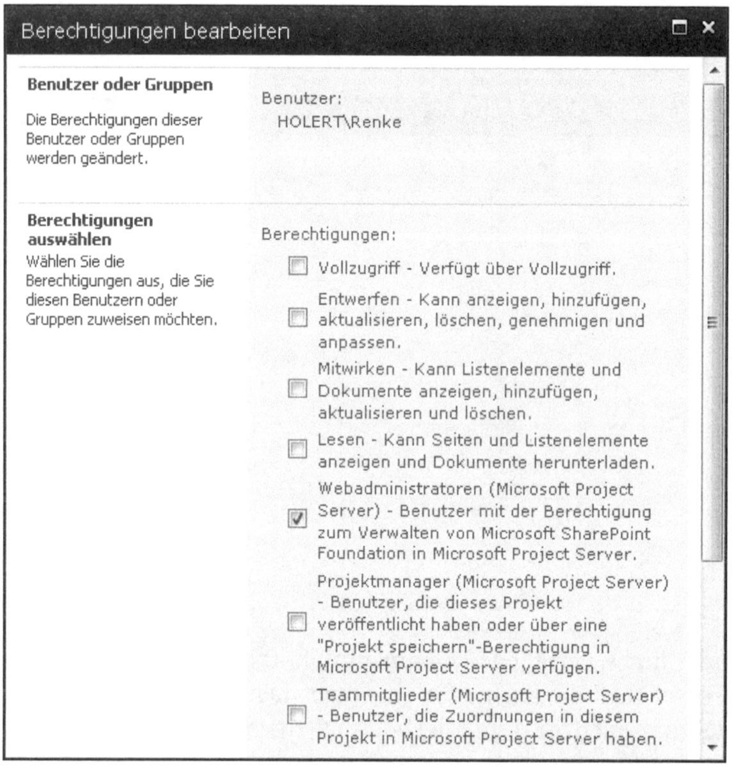

HINWEIS Falls keine der Berechtigungsstufen für Ihren Fall passt, könnten Sie eine entsprechende Berechtigungsstufe zusätzlich analog zur oben beschriebenen Vorgehensweise anlegen.

Sie können Berechtigungen auch auf Dokumentebene vergeben. Verwenden Sie hierzu den entsprechenden Eintrag im Dropdownlistenfeld des jeweiligen Dokuments.

Mit dem konsolidierten Projektplan sind die Planungsprozesse für die jeweilige Phase abgeschlossen. Damit kann mit den Ausführungsprozessen begonnen werden.

TIPP Project Server kann in regelmäßigen Abständen den Projektplan sichern, wenn Sie dies in den Servereinstellungen unter *Tägliche Sicherung planen* aktivieren.[1]

[1] Vgl. Holert 2011, S. 482

Ausführungsprozesse

Die *Ausführungsprozessgruppe* besteht aus den Prozessen, die die Fertigstellung der Projektarbeit entsprechend des Projektmanagementplans sicherstellen sollen. Hierzu gehören u.a. die Prozesse:

- *Projektdurchführung lenken und managen* (4.3 Direct and Manage Project Execution)
- *Informationen verteilen* (10.3 Distribute Information)

Weitere Prozesse sind *Qualitätssicherung durchführen* (8.2 Perform Quality Assurance), *Projektteam zusammenstellen* (9.2 Acquire Project Team), *Projektteam entwickeln* (9.3 Develop Project Team), *Projektteam managen* (9.4 Manage Project Team), *Stakeholdererwartungen managen* (10.4 Manage Stakeholder Expectations), *Beschaffung durchführen* (12.2 Conduct Procurements).[1]

Projektdurchführung lenken und managen

Der Prozess *Projektdurchführung lenken und managen* (4.3 Direct and Manage Project Execution) beinhaltet bzw. integriert die Projektmanagementtätigkeiten, die zur Ausführung der Projektarbeit erforderlich sind.[2] Dies umfasst u.a. die Koordination von Schnittstellen und das Sammeln von Leistungsinformationen.

Grundlage für den Prozess Projektdurchführung lenken und managen ist u.a. der Projektmanagementplan. Ausgangswert u.a. die Arbeitsleistungsinformationen. Wie die Arbeitsleistungsinformationen durch die Projektmitarbeiter selbst erfasst werden können, wird in Kapitel 2 beschrieben. Wie Sie diese Informationen aufbereiten, finden Sie im Abschnitt »Projektleistung berichten« ab Seite 77 beschrieben.

Informationen verteilen

Ziel des Prozesses *Informationen verteilen* (10.3 Distribute Information) ist es, allen Projektbeteiligten (Project Stakeholders) die Informationen über das Projekt bereitzustellen, die Sie im Rahmen Ihrer Mitwirkung benötigen.[3] Grundlage hierfür ist der Kommunikationsmanagementplan. Ausgangswerte sind die Ein- und Ausgangswerte von Organisationsprozessen sowie Änderungsanträge. Als Werkzeuge können Sie u.a. ein Werkzeug zur Verteilung von Informationen einsetzen.

Als ein solches Werkzeug für die Verteilung von Informationen eignet sich Project bzw. die Project Web App, wie zuvor beschrieben wurde. So können Sie im Projektplan Ressourcen einzelnen Vorgängen zuweisen und die Projektdokumentation in

---

[1] Vgl. PMBOK 2008 D, S. 55-59

[2] Vgl. PMBOK 2008 D, S. 83-88

[3] Vgl. PMBOK 2008 D, S. 258-260

der Projektwebsite ablegen. Zudem können Sie Project zur Benachrichtigung über Änderungen einsetzen z.B. über eine Terminanfrage.

Um allen Projektteammitgliedern eine Terminanfrage[1] per E-Mail zu senden, ihre Vorgänge in der Arbeitszeittabelle der Project Web App einzutragen und ihnen Zugang zu den Projektdokumenten zu geben, gehen Sie folgendermaßen vor:

1. Wählen Sie im Menüband die Registerkarte *Datei* aus.
2. Klicken Sie auf den Befehl *Veröffentlichen.*

Durch die Veröffentlichung werden auch die Zuordnungen in den Zuordnungsansichten, z.B. für den Ressourcen-Manager, und der Projektplan, z.B. für Führungskräfte, im Projektcenter sichtbar.

ACHTUNG Standardmäßig werden immer alle Informationen veröffentlicht, auch die Ist-Arbeit (*Aktuelle Arbeit*) der Teammitglieder wird immer überschrieben, wenn diese zuvor in Project geändert wurde. Beachten Sie, dass durch Änderung des Felds *% Abgeschlossen* auch die Ist-Arbeit (*Aktuelle Arbeit*) automatisch errechnet wird.

Sie können jedoch für den Projektleiter das Ändern der Ist-Arbeit zentral sperren, wenn Sie die Servereinstellung *Vorgangseinstellungen und -anzeige/Vorgangsaktualisierung nur über "Vorgänge" und "Arbeitszeittabelle zulassen"* aktivieren.[2] Zudem können Sie über das Feld *Veröffentlichen* festlegen, welche Vorgänge Sie veröffentlichen möchten. Rückmeldungen erhält immer derjenige, der im Feld *Status-Manager* festgelegt ist.

Mit dem Veröffentlichen ist der Prozess Informationen verteilen abgeschlossen, sodass jetzt alle Beteiligten informiert sind.

Überwachungs- und Steuerungsprozesse

Ziel der *Überwachungs- und Steuerungsprozesse* (Monitoring and Controlling Processes) ist es, Abweichungen der tatsächlichen Leistung gegenüber dem Projektmanagementplan zu ermitteln und korrektive Prozesse einzuleiten.[3] Der Projektleiter muss regelmäßige Rückmeldungen und Korrekturen auf Ebene der Liefergegenstände sicherstellen und, falls Abhängigkeiten bestehen, diese über die Projektebene miteinander abstimmen. Zu der Überwachungs- und Steuerungsprozessgruppe gehören u.a. die folgenden Prozesse:

- *Projektarbeit überwachen und steuern* (4.4 Monitor and Control Project Work)
- *Projektleistung berichten* (10.5 Report Performance)

---

[1] Oft auch als »Ressourcenanfrage« oder »Vorgangsanfrage« bezeichnet.

[2] Vgl. Holert 2011, S. 518

[3] Wir folgen hier eng der deutschen Übersetzung des PMBOK® Guide und verwenden für den englischen Begriff »Controlling« den deutschen Begriff »Steuerung« bzw. bei 8.3 »Lenkung«. Oft wird in der deutschsprachigen betriebswirtschaftlichen Literatur (z.B. Baetge, Jörg 1992) der Begriff »Controlling« auch mit »Überwachung« übersetzt. In Project wird der Begriff »Überwachung« als Übersetzung von »Tracking« verwendet.

- *Integrierte Änderungssteuerung durchführen* (4.5 Perform Integrated Change Control)

Weitere Prozesse sind *Inhalt und Umfang verifizieren* (5.4 Verify Scope), *Inhalt und Umfang steuern* (5.5 Control Scope), *Terminplan steuern* (6.6 Control Schedule), *Kosten steuern* (7.3 Control Costs), *Qualitätslenkung durchführen* (8.3 Perform Quality Control), *Risiken überwachen und steuern* (11.6 Monitor and Control Risks) und *Beschaffung* (12.3 Administer Procurements). [1]

Projektarbeit überwachen und steuern

Der Prozess *Projektarbeit überwachen und steuern* (4.4 Monitor and Control Project Work) integriert zusammen mit dem Prozess *Integrierte Änderungssteuerung durchführen* die anderen Prozesse der Prozessgruppe *Überwachung und Steuern*.[2] Ziel des Prozesses *Projektarbeit überwachen und steuern* ist es, u.a. Abweichungen zwischen der Ist-Leistung des Projekts und dem Projektmanagementplan zu ermitteln und ggf. Korrekturen einzuleiten. Basis hierfür sind u.a. die Fortschrittsberichte, die im Rahmen des Prozesses *Projektleistung berichten* erstellt werden, und der Projektmanagementplan. Ausgangswerte u.a. Änderungsanträge (Change Requests), also empfohlene Korrektur- und vorbeugende Maßnahmen, die dann im Rahmen der integrierten Änderungssteuerung u.a. bewertet und letztlich genehmigt bzw. zurückgewiesen werden. Als Werkzeug können Sie das Fachurteil von Experten einsetzen.

Projektleistung berichten

Ziel des Prozesses *Projektleistung berichten* (10.5. Report Performance) ist es, u.a. die Leistungsinformationen (Performance information) zu sammeln und zusammen mit den jeweiligen Basisplanwerten zu einem Fortschrittsbericht (Performance Report) aufzubereiten.[3] Grundlage hierfür bilden u.a. Arbeitsleistungsinformationen (Work Performance Information) und der Projektmanagementplan. Ausgangswerte sind u.a. Fortschrittsberichte inkl. Prognosen sowie Änderungsanträge. Als Werkzeuge und Methoden können Sie u.a. Abweichungsanalysen, Prognosemethoden und Berichtssysteme einsetzen.

Nachfolgend ist beschrieben, wie Sie mit dem Zeitberichtssystem von Project Server Arbeitsleistungsinformationen sammeln können und in Verbindung mit den zuvor gespeicherten Basisplanwerten mit dem Berichtssystem von Project aufbereiten können.

---

[1] Vgl. PMBOK 2008 D, S. 59-64

[2] Vgl. PMBOK 2008 D, S. 89-92

[3] Vgl. PMBOK 2008 D, S. 266-271

Arbeitsleistungsinformationen sammeln

Das Sammeln von Arbeitsleistungsinformationen gliedert sich in zwei Schritte, und zwar

- Fortschrittsinformationen anfragen
- Projektfortschritt aktualisieren

Abbildg. 1.61 Definition der Arbeit

Definition der Arbeit				
W	**=**	**P**	*****	**t**
Arbeit	=	(Zuordnungs-)Einheiten	*	Dauer
Gesamt	**=**	**Ist**	**+**	**Rest**
(Berechnet)	=	Aktuell	+	Verbleibend

Zunächst ein paar Vorbemerkungen: Leistung ist gemäß des physikalischen Zusammenhangs definiert als der Quotient von Arbeit und Zeit (P = W/t).[1] Wie beim Prozess »Ressourcen für Vorgänge schätzen« bereits erläutert, heißt dieser Zusammenhang umgestellt nach der Leistung in Project *Zuordnungseinheiten* = *Arbeit/Dauer*. Die Leistung resultiert also immer aus der geleisteten *Arbeit* in Bezug auf die benötigte *Zeit*.

Die Arbeit entspricht im betriebswirtschaftlichen Sprachgebrauch oft dem (Arbeits-) *Aufwand* und ist damit eine bestimmende Größe für die (Projekt-)*Kosten*. Zu der *Zeit* gehören neben der *Dauer* auch die *Termine*, also die Zeitpunkte, an denen ein Vorgang anfängt oder endet. Diese beiden Termine werden bei Project in den Feldern *Anfang* bzw. *Ende* gespeichert.[2] Besondere Bedeutung hat der (Projekt-) Endtermin. Project berechnet alle Werte stets automatisch anhand der o.g. Zusammenhänge und übrigen Randbedingungen, wie z.B. Vorgangsverknüpfungen und Kostensätze. Die berechneten Werte werden in Project oft ohne das Adjektiv »berechnet« dargestellt.

HINWEIS Bitte beachten Sie, dass das Feld *Zuordnungseinheiten* durch Project im Vergleich zu Vorversionen nicht mehr automatisch berechnet wird und dass stattdessen der berechnete Wert im Feld *Höchstwert* steht (siehe den Kasten im Abschnitt »Ressourcen für Vorgänge schätzen« ab Seite 34).

[1] Der in der deutschsprachigen Betriebswirtschaftslehre übliche Begriff der *Leistung*, also der Bezeichnung einer Sach- oder Dienstleistung, entspricht nicht dem Begriff der *Leistung* im hier gebrauchten physikalischen Sinne

[2] In der deutschen Project 2010 wurde das Feld *Finish* inkonsistenterweise mit *Fertig stellen* statt wie bisher und auch in dieser Version an anderen Orten mit *Ende* übersetzt.

Um die Leistung anhand dieser Messgrößen bewerten zu können, greifen wir auf den Basisplan zurück (siehe den Abschnitt »Terminplan entwickeln« ab Seite 43). Dieser enthält u.a. die zum Zeitpunkt der Festlegung berechneten Werte der Größen Arbeit, Termine (Anfang/Ende) und Kosten. Entsprechend des betriebswirtschaftlichen Gebrauchs heißen diese Werte *Plan-Werte*, die den *Ist-* bzw. *Soll-Werten* gegenübergestellt werden.

Ihre Aufgabe ist es nun, sicherzustellen, dass im Verlauf der Ausführung die Ressourcen den *Ist-Aufwand* (*aktuelle Arbeit*) und den geschätzten *Rest-Aufwand* (*verbleibende Arbeit*) zurückmelden. Aus der Summe bildet Project dann wiederum die (berechnete Gesamt-)Arbeit (Abbildung 1.61).

Fortschrittsinformationen anfragen

Project Server stellt zwei Zeitberichtssysteme bereit, und zwar die Bereiche *Vorgänge* und *Arbeitszeittabelle*. Arbeitszeittabellen dienen primär Abrechnungszwecken und können z.B. für die Kommunikation zwischen dem Projektmitarbeiter und dem Ressourcen-Manager eingesetzt werden. Der Bereich *Vorgänge* ist zur Fortschrittsberichterstattung vom Projektmitarbeiter an den Projektleiter gedacht.

NEU IN 2010

Neu ist, dass beide Bereiche jetzt automatisch miteinander synchronisiert werden können (*Einfacher Eingabemodus*) und dass viele Funktionen für die Kommunikation mit dem Projektleiter jetzt auch im Bereich *Arbeitszeittabelle* genutzt werden können (siehe Kapitel 2).

HINWEIS Die Project Web App bietet als Funktion auch Statusberichte. Diese haben sich in der Praxis jedoch nicht bewährt, weil diese u.a. unzureichend in die Zeitberichtssysteme der PWA integriert sind. Aus diesem Grund empfehlen wir nicht, diese einzusetzen.

Um die Fortschrittsinformationen bei den Projektmitarbeitern anzufragen, gehen Sie folgendermaßen vor.

HINWEIS Typisch ist es, den Fortschritt einmal pro Woche zu übermitteln. Um ggf. fehlende Fortschrittsberichte anzufragen, gehen Sie folgendermaßen vor:

1. Wählen Sie über den Filter *Terminbereich* den aktuellen Zeitraum aus (*Ansicht/Daten/Filter*).
2. Markieren Sie alle Vorgänge über einen Klick mit der Maus auf den oberen, linken Eckpunkt der Tabelle.

3. Rufen Sie in der Symbolleiste für den Schnellzugriff den Befehl *Statusinformationen anfordern* auf.

HINWEIS Standardmäßig wird der Befehl *Statusinformationen anfordern* im Menüband nicht mehr angezeigt. Sie können diesen jedoch über die Registerkarte *Datei/Optionen/Symbolleiste für den Schnellzugriff* in die gleichnamige Symbolleiste hinzufügen.

4. Bestätigen Sie, dass das Projekt veröffentlicht werden muss.

Abbildg. 1.62 Fortschrittsinformationen abfragen

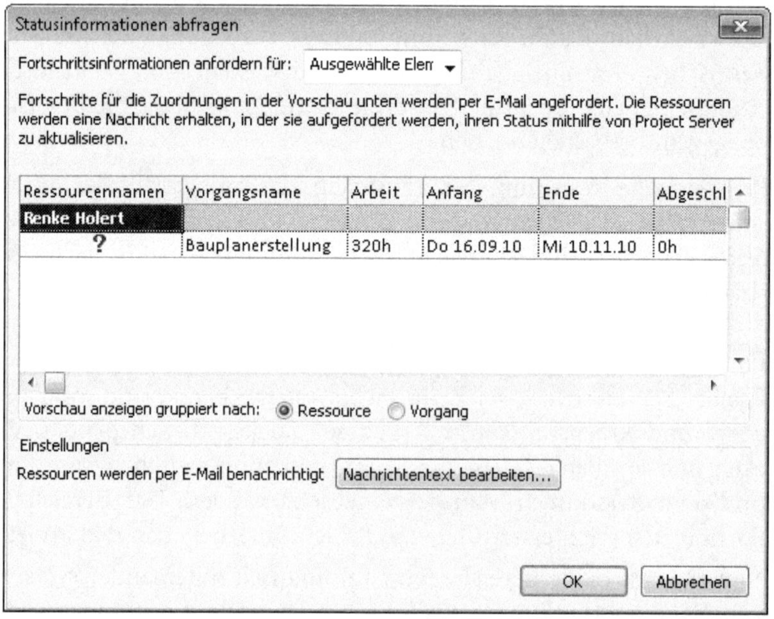

5. Legen Sie im folgenden Dialogfeld fest, dass Sie nur einen Fortschrittsbericht für die ausgewählten Vorgänge abfragen möchten. Passen Sie ggf. noch den Nachrichtentext an und senden Sie dann die Anfrage mit einem Klick auf die Schaltfläche *OK* ab.

6. Überprüfen Sie, ob Sie in der Indikatorspalte ein Briefsymbol mit einer kleinen Uhr und einem Fragezeichen sehen (siehe Marginalspalte). Dies bedeutet, dass für diese Vorgänge Fortschrittsberichte angefordert wurden.

HINWEIS Der Mitarbeiter erhält jetzt eine E-Mail mit dem Betreff *Von "<Name des Projektmanagers>" wurden Aktualisierungen angefordert.* Zudem kann er entsprechende Vorgänge im Bereich *Vorgänge* am Prozessstatus *Aktualisierung angefordert* erkennen (siehe Kapitel 2).

Abbildg. 1.63 Benachrichtigung über Fortschrittsbericht des Projektmitarbeiters

Aktualisierte Zuordnungen wurden von Ressourcen übermittelt.

projectserver-v70@holert.com

Gesendet: Wed 7/28/2010 2:52 PM

An: Renke Holert

Folgende Zuordnungen wurden von Ressourcen aktualisiert.

Gemeldet an: Renke Holert

Projektname: Holert-Hausbau
Vorgangsname: Bauplanerstellung
Zugeordnet zu: Renke Holert
Anfang: Donnerstag, 16. September 2010 Ende: Mittwoch, 10. November 2010 Arbeit: 318h Verbleibende Arbeit: 318h %
Abgeschlossen: 0
Kommentar:

Sie können diese Benachrichtigungen deaktivieren, indem Sie in Project Web App im Menü auf der linken Seite auf "Persönliche Einstellungen" klicken. Klicken Sie dann auf "Meine Warnungen und Erinnerungen verwalten".

Auf dieser Seite können Sie das Kontrollkästchen für alle Benachrichtigungen deaktivieren, die Sie nicht mehr empfangen möchten.

Microsoft Project Server

Als Antwort auf die Fortschrittsanfrage bekommen Sie eine E-Mail mit dem Betreff *Aktualisierte Zuordnungen wurden von Ressourcen übermittelt* vom Projektmitarbeiter über Project Server zugeschickt (Vorgangsaktualisierungsanfrage).

Projektfortschritt aktualisieren

TIPP Bevor Sie die Rückmeldungen in den Projektplan übernehmen, stellen Sie auf jeden Fall sicher, dass Sie einen Basisplan abgespeichert haben, damit Sie später Änderungen erkennen können.

Um die Fortschrittsberichte in Ihren Projektplan zu übernehmen und zu überprüfen, führen Sie folgende Schritte aus:

1. Wählen Sie im Menüband die Registerkarte *Datei* aus und klicken Sie im Bereich *Informationen* im Abschnitt *Genehmigungen* auf die Schaltfläche *Auf Updates prüfen.*

HINWEIS Beim Öffnen des Projektplans wird Ihnen automatisch angezeigt, wenn Fortschrittsinformationen zu dem jeweiligen Projekt vorliegen.

Sie können den Befehl *Projektfortschritt aktualisieren* auch in die Symbolleiste für den Schnellzugriff über *Datei/Optionen/Symbolleiste für den Schnellzugriff* in die gleichnamige Symbolleiste hinzufügen.

2. Bestätigen Sie das Dialogfeld, dass Sie zum Fortfahren in das Genehmigungscenter der PWA wechseln müssen und wählen Sie in der Windows Taskleiste das neu geöffnete Internet Explorer Fenster aus.

Abbildg. 1.64 Fortschrittsinformationen anzeigen

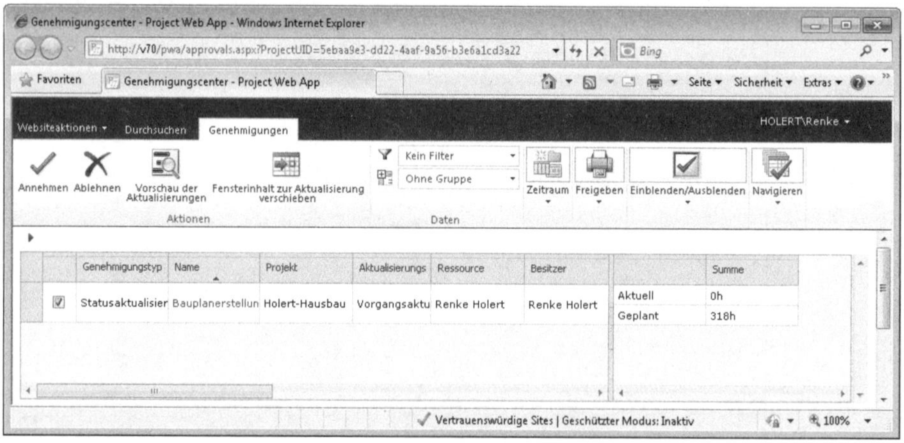

3. Wählen Sie die Vorgänge, deren Fortschritt Sie in den Projektplan übernehmen möchten, indem Sie in der ersten Spalte das Kontrollkästchen aktivieren.
4. Klicken Sie auf den als Verknüpfung hinterlegten Vorgangsnamen, um den Verlauf und etwaige Kommentare des Mitarbeiters anzuzeigen.
5. Wenn Sie bereits jetzt eine erste Abweichungsanalyse durchführen möchten, überprüfen Sie den zurückgemeldeten Ist-Aufwand (Zeile *Aktuell)* pro Periode und Rest-Aufwand (Spalte *Verbleibende Arbeit*).

HINWEIS Die Spalte *Summe* zeigt den gesamten Ist-Aufwand, nicht jedoch den gesamten Aufwand für den Vorgang (*Arbeit*).

Wenn Sie über das Menüband in der Gruppe *Einblenden/Ausblenden* die Einzelheitenart *Geplant* einblenden, sehen Sie in der Zeile *Geplant* die bereits aufgrund der Rückmeldung neu berechnete Arbeit. Somit also weder den derzeitigen Wert der (berechneten) Arbeit noch die geplante Arbeit (Basisplan) aus dem Projektplan, der für eine Abweichungsanalyse an dieser Stelle nötig wäre.

6. Um eine aussagekräftigere Abweichungsanalyse durchzuführen und z.B. die Rückmeldungen mit dem aktuellen Stand im Projektplan zu vergleichen, klicken Sie im Menüband auf der Registerkarte *Genehmigungen* in der Gruppe *Aktionen* auf den Befehl *Vorschau der Aktualisierungen.*

Abbildg. 1.65 Vorschau anzeigen

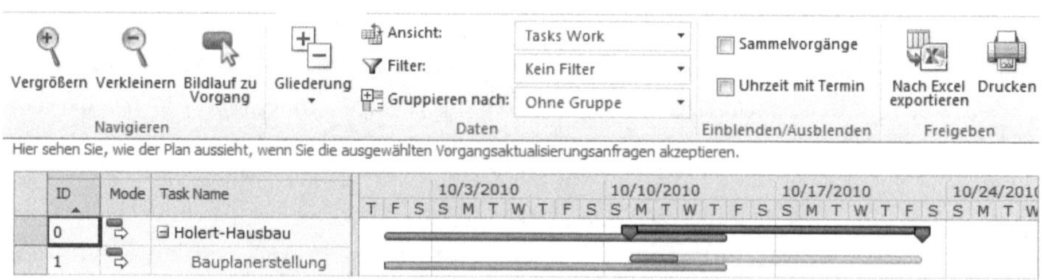

7. Auf der Seite *Genehmigungsvorschau* wird der letzte Stand aus dem Projektplan als grauer Balken dargestellt. Der sich aus der Rückmeldung ergebende neue Stand wird durch den blauen Balken dargestellt. Der dunkelblaue Anteil des blauen Balkens spiegelt den neuen Fortschritt wider.
8. Um neben den zeitlichen auch die Abweichungen hinsichtlich des Aufwands darzustellen, wählen Sie im Menüband auf der Registerkarte *Vorschau* in der Gruppe *Daten* im Dropdownlistenfeld *Ansicht* den Eintrag *Vorgänge Arbeit* aus. In der Ansicht *Vorgänge Arbeit* wird die voraussichtliche Gesamtarbeit (*Arbeit*) – also die Summe aus Ist- und geschätzter Restarbeit (*Aktuelle Arbeit* und *Verbleibende Arbeit*) – den im Basisplan gespeicherten Planwerten gegenübergestellt (*Geplante Arbeit*).[1]
9. Um die Ansicht zu schließen, schließen Sie das Fenster des Internet Explorers.
10. Wenn Sie die Rückmeldung übernehmen möchten, klicken Sie auf die Schaltfläche *Annehmen*.

HINWEIS Sie können Regeln definieren, um den Genehmigungsprozess zu automatisieren. Sie finden die entsprechende Funktion im Menüband unter *Genehmigungen/Navigieren/Regeln verwalten* (Abbildung 1.64).

Abbildg. 1.66 Bestätigungsdialogfeld

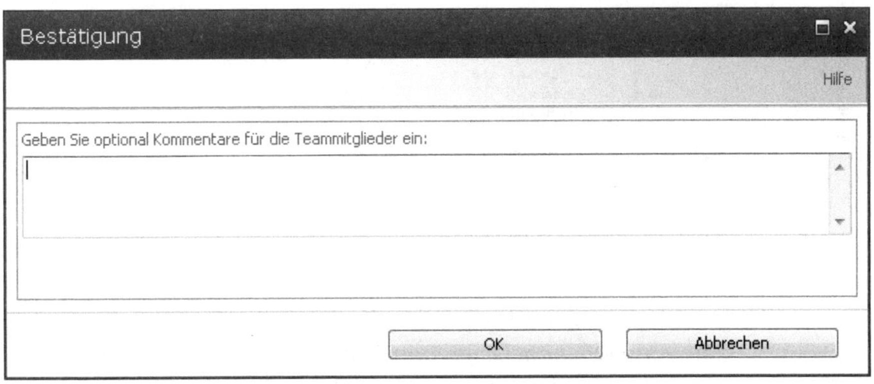

11. Geben Sie ggf. einen Kommentar ein. Klicken Sie auf die Schaltfläche *OK*.

HINWEIS Der Mitarbeiter kann den Kommentar im Bereich *Vorgänge* sehen, indem er auf die Verknüpfung des Vorgangsnamens klickt. Als Projektleiter können Sie den Verlauf jederzeit im Genehmigungscenter über den Befehl *Genehmigungen/Navigieren/Verlauf/Statusaktualisierungen* gefolgt von einem Klick auf den Vorgangsnamen aufrufen.

[1] Die Abbildung zeigt die Ansicht *Task Work*, die Funktion hat zum Zeitpunkt der Drucklegung in der deutschen Version von Project Server 2010 nicht funktioniert.

12. Um die Aktualisierungen in den Projektplan zu übernehmen, beenden Sie Project (*Datei/Beenden/Speichern und Einchecken*).

HINWEIS Bevor Sie den Projektplan wieder öffnen können, müssen Sie warten, bis der Server die genehmigten Fortschrittsinformationen übernommen hat. Sie können den Fortschritt in der Project Web App unter *Einstellungen/Persönliche Einstellungen/Meine Warteschlangenaufträge* verfolgen.

13. Wenn Sie danach das Projekt anzeigen möchten, starten Sie Project und öffnen Sie den Projektplan erneut.

Abbildg. 1.67 Darstellung der berechneten und geplanten Arbeit

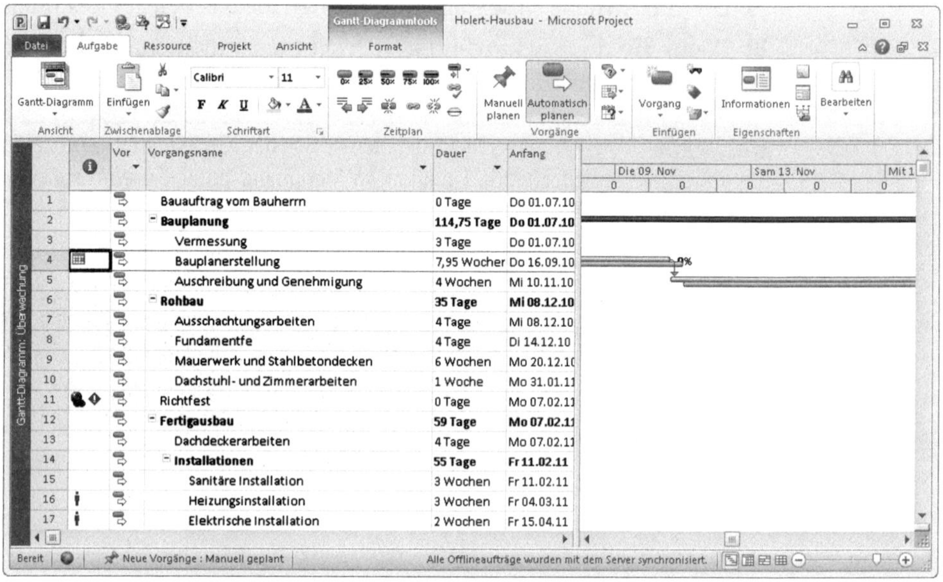

14. Im Projektplan wechseln Sie in die Ansicht *Gantt-Diagramm: Überwachung* (*Aufgabe/Ansicht/Gantt-Diagramm: Überwachung*) und betrachten dort die Auswirkungen der Rückmeldung, indem Sie grafische Unterschiede zwischen den oberen und unteren Balken feststellen. Der obere Balken gibt den berechneten Wert an, der untere, graue Balken zeigt den Plan-Wert aus dem Basisplan an. Terminliche Abweichungen können Sie auch in der Tabelle *Abweichung* anzeigen lassen, die Sie über *Ansicht/Tabelle/Abweichung* erreichen (Abbildung 1.67).

Abbildg. 1.68 Projektstatus in der Projektstatistik

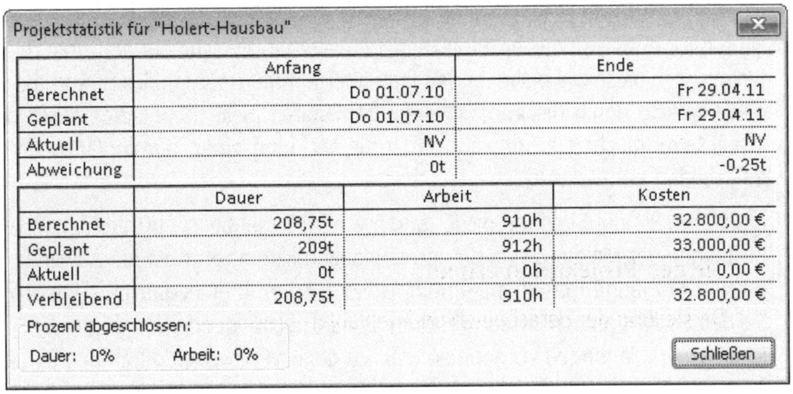
Projektstatistik für "Holert-Hausbau"

	Anfang	Ende
Berechnet	Do 01.07.10	Fr 29.04.11
Geplant	Do 01.07.10	Fr 29.04.11
Aktuell	NV	NV
Abweichung	0t	-0,25t

	Dauer	Arbeit	Kosten
Berechnet	208,75t	910h	32.800,00 €
Geplant	209t	912h	33.000,00 €
Aktuell	0t	0h	0,00 €
Verbleibend	208,75t	910h	32.800,00 €

Prozent abgeschlossen:
Dauer: 0% Arbeit: 0%

Schließen

15. Die aktuellen Zahlen auf Projektebene können Sie über die Projektstatistik ablesen (*Projekt/Eigenschaften/Projektinformationen/Statistik* – Abbildung 1.68).

HINWEIS Bei der Aktualisierung von Vorgängen, also dem Eintragen von Ist-Werten, gelten in Project zwei Regeln:

- **Was bereits abgeschlossen ist, ändert sich nicht mehr** Wenn für einen Vorgang bereits Arbeit geleistet wurde und damit der Fortschritt größer als 0 % ist, dann bleibt dieser Teil unverrückbar dort stehen, auch wenn sich der (Rest-) Vorgang verschiebt.
- **So, wie etwas stattgefunden hat, wird es auch in den Projektplan übernommen** Melden die Ressourcen Ist-Aufwand außerhalb des berechneten Termins zurück, werden diese Rückmeldungen ohne Berücksichtigung von Einschränkungen so in den Plan übernommen, wie sie gemeldet wurden.

TIPP Insbesondere in der Anfangsphase des Umgangs mit Project besteht die Gefahr, dass Sie nicht genau nachvollziehen können, welche Änderungen am Plan automatisch durch Project bzw. Project Server vorgenommen werden. Damit Sie nicht das Vertrauen in Ihren Projektplan aufgrund der automatischen Aktualisierung von Vorgängen verlieren, die Sie nur schwer nachvollziehen können, wenden Sie folgenden Tipp an:

Versehen Sie möglichst viele Vorgänge mit einer Termineinschränkung *Muss anfangen am* (rotes Kalendersymbol in der Indikatorspalte), dann verschieben sich die Vorgänge nicht ohne Ihr Einwirken. Sie verzichten damit zwar auf Vorteile des automatischen Verschiebens und haben etwas mehr manuellen Aufwand, bekommen dafür aber als Vorteil eine stärkere Kontrolle über Ihren Projektplan.

Sie können mehrere Vorgänge gleichzeitig einschränken. Gehen Sie dazu folgendermaßen vor:

1. Markieren Sie die Vorgänge, die Sie fixieren möchten.
2. Klicken Sie im Menüband auf der Registerkarte *Aufgabe* in der Gruppe *Eigenschaften* auf den Befehl *Informationen*.
3. Wechseln Sie in dem folgenden Dialogfeld *Informationen zum Vorgang* auf die Registerkarte *Erweitert*.

4. Legen Sie als Einschränkungsart *Muss anfangen am* fest, dann werden alle diese Vorgänge mit Ihrem jeweiligen berechneten Anfangstermin eingeschränkt.

Da natürlich im »wirklichen Projektleben« weiterhin Verschiebungen und Verzögerungen auftreten, müssen diese wie bisher in den Plan übernommen werden. Da Project die hieraus resultierenden Konflikte durch die Vorgangseinschränkungen nicht mehr automatisch durch Verschiebung lösen kann, macht die Software durch die Meldung eines Terminplankonflikts auf Ihren Handlungsbedarf aufmerksam.

Ignorieren Sie die Meldung nicht, da diese nur einmal beim Auftreten angezeigt wird. Nach dem Bestätigen der Meldung sind die Terminplankonflikte nur für geübte Anwender zu erkennen (Man erkennt Vorgänge mit einem Terminplankonflikt an ihrer negativen *Gesamten Pufferzeit*). Lösen Sie den Konflikt jedoch besser sofort, indem Sie nachfolgende Vorgänge manuell verschieben oder sonstige Umplanungen vornehmen (z.B. Vorgangsverkürzung durch den Einsatz von zusätzlichen Ressourcen).

Eine regelmäßige Fortschrittsberichterstattung der Projektmitarbeiter stellt sicher, dass Sie sich als Projektleiter mit geringem Aufwand und hoher Qualität die Leistungsinformationen aufbereiten können.

Leistungsinformationen aufbereiten

Project kann Sie dabei unterstützen, Leistungsinformationen zu Fortschrittsberichten (Performance Reports) aufzubereiten und hieraus Änderungsanträge abzuleiten. Die Fortschrittsberichte und Änderungsanträge können Sie z.B. im Rahmen von Projektbesprechungen verwenden.[1]

Je nach Anforderung können Sie im Fortschrittsbericht beim Einsatz in einer Besprechung u.a. Aussagen über den Verlauf des Projekts seit der letzten Besprechung und der ursprünglichen Planung (*Rückschau*) machen, einen Überblick über den aktuellen Status geben (*Ist-Stand*) sowie eine Prognose über den weiteren Verlauf abgeben (*Vorausschau*).[2]

Inhaltlich müssen Sie dabei u.a. auf die Erreichung der drei Projektziele Umfang und Inhalt, Termine und Kosten eingehen und auch Änderungen hinsichtlich der Qualität und der Risiken aufzeigen.

Passen Sie die Darstellung der Ergebnisse der *Zielgruppe* an. Reduzieren Sie die Informationen für Führungskräfte auf die Kernaussagen auf Projektebene, während Sie für den jeweiligen Mitarbeiter aus seiner Sicht die wichtigsten Informationen zusammenstellen.[3]

---

[1] Synonyme und Teilsynonyme von »Fortschrittsbericht« sind »Statusbericht«, »Projektstatusbericht« und »Projektbericht«

[2] PMBOK 2008 D, S.266

[3] Weitere Beispiele für Berichte für das Multiprojektcontrolling und Ressourcencontrolling finden Sie im Profibuch (Holert 2011, u.a. S. 220-229 sowie S.316-317)

TIPP Im Folgenden wird erläutert, wie Sie mithilfe von Filtern die jeweiligen Sichten erstellen können. Sie können diese dann auf einfache Art und Weise in Ihren Fortschrittsbericht in Word oder PowerPoint übernehmen. Führen Sie dazu folgende Schritte aus:

1. Beginnen Sie in *Project*: Wählen Sie alle Zeilen aus, indem Sie auf den Eckpunkt der Tabelle links oben klicken.
2. Kopieren Sie alle Vorgänge, indem Sie die Tastenkombination Strg + C drücken.
3. Wechseln Sie zu *PowerPoint* bzw. *Word*.
4. Fügen Sie die Vorgänge inklusive Balkendiagramm in PowerPoint bzw. Word als Bild ein, indem Sie z.B. im Menüband von Word auf der Registerkarte *Start* in der Gruppe *Zwischenablage* im Dropdownlistenfeld den Eintrag *Inhalte einfügen* anklicken und im folgenden Dialogfeld im Listenfeld *Als* den Eintrag *Bild (Erweiterte Metadatei)* auswählen.
5. Ergänzen Sie Kommentare zu den Abbildungen.
6. Speichern und/oder drucken Sie die Datei als PDF-Dokument ggf. mit elektronischer Signatur.

Diese Vorgehensweise hat den Vorteil, dass Sie Ansichten aus Project auch Projektbeteiligten zur Verfügung stellen können, die keinen Zugang zu Project oder die Project Web App besitzen.

Für die Rückschau stellen Sie die Maßnahmen zusammenfassend dar, die seit der letzten Besprechung durchgeführt worden sind. Falls sich Abweichungen gegenüber der letzten bzw. der ursprünglichen Planung ergeben haben, stellen Sie diese zusammen mit deren Ursachen und bereits eingeleiteten Gegenmaßnahmen dar.

Zusätzliche Vorgänge gegenüber der ursprünglichen Planung können Sie sehr einfach über einen *AutoFilter* in Project darstellen. Voraussetzung hierfür ist, dass Sie die Planwerte zu Beginn der Projektdurchführung durch das Speichern des Basisplans gesichert haben.

Abbildg. 1.69 Neue Vorgänge gegenüber der ursprünglichen Planung

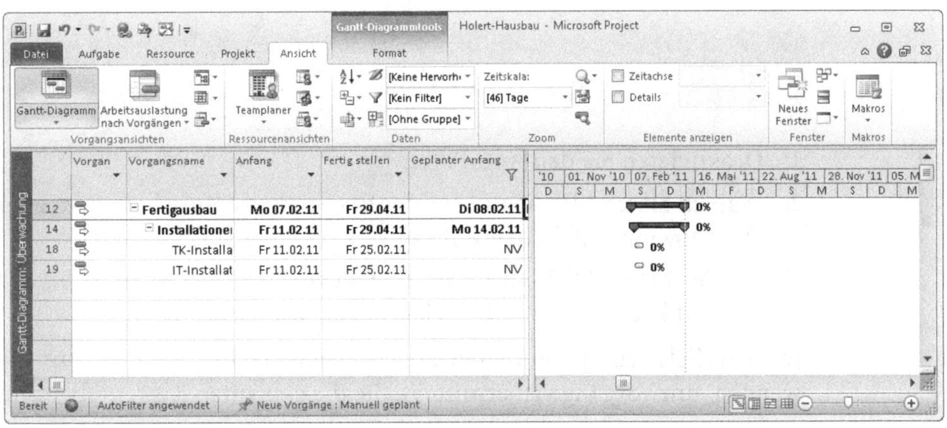

In Project gehen Sie dazu folgendermaßen vor:

1. Wechseln Sie die Ansicht *Gantt-Diagramm: Überwachung* aus (*Ansicht/Vorgangsansichten/Gantt-Diagramm*).
2. Wählen Sie die Tabelle *Abweichung* aus (*Ansicht/Daten/Tabelle*).
3. Stellen Sie den *AutoFilter* für die Spalte *Geplanter Anfang* auf *NV.*

Jetzt werden ausschließlich die Vorgänge angezeigt, die am Ende der letzten Planungsprozesse noch nicht geplant wurden (Abbildung 1.69).

TIPP Wenn Sie nur die Unterschiede gegenüber einem anderen Planungsstand ermitteln möchten, wie z.B. den Stand bei der letzten Besprechung, gehen Sie analog unter Verwendung eines anderen Basisplans vor. Voraussetzung ist, dass Sie nach der letzten Besprechung einen anderen Basisplan gespeichert haben, wie im Abschnitt »Budget festlegen « auf Seite 56 beschrieben wurde.

Vorgänge, bei denen die Summe des Ist- und voraussichtlichen Rest-Aufwands über dem Planaufwand liegt (*Mehraufwand*), können in derselben Ansicht über den Filter *Arbeitsrahmen überschritten* angezeigt werden. Gehen Sie dazu folgendermaßen vor:

Abbildg. 1.70 Vorgänge mit voraussichtlichem oder bereits eingetretenem Mehraufwand

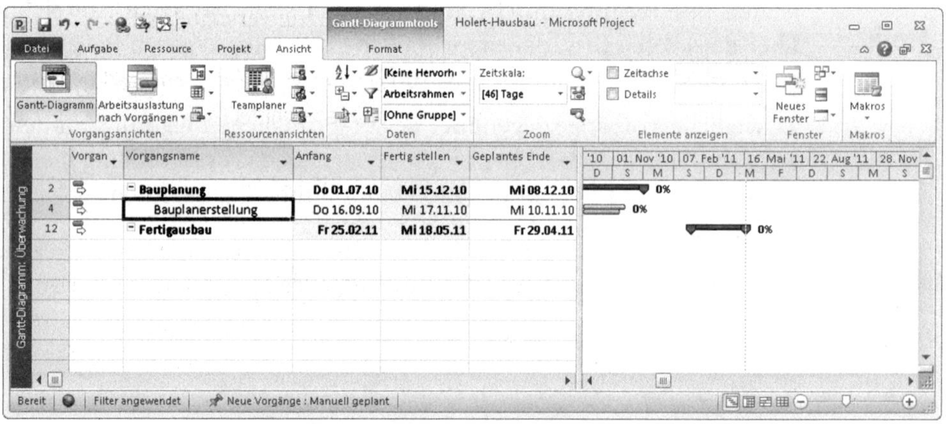

1. Deaktivieren Sie den AutoFilter.
2. Wählen Sie im Menüband auf der Registerkarte *Ansicht* in der Gruppe *Daten* im Dropdownlistenfeld den Eintrag *Weitere Filter* aus.
3. Wählen Sie im Dialogfeld *Weitere Filter* den Eintrag *Arbeitsrahmen überschritten* aus und klicken Sie auf die Schaltfläche *Anwenden.* [1]

Je nach Zielsetzung können Sie auch die entsprechenden Filter für die Kosten verwenden, um Vorgänge zu ermitteln, die die geplanten Kosten überschritten haben.

[1] Der Filter *Arbeitsrahmen überschritten* wurde angepasst auf *Arbeit Größer [Geplante Arbeit] Und Geplante Arbeit Ungleich 0h.*

Abbildg. 1.71 Verspätete Vorgänge

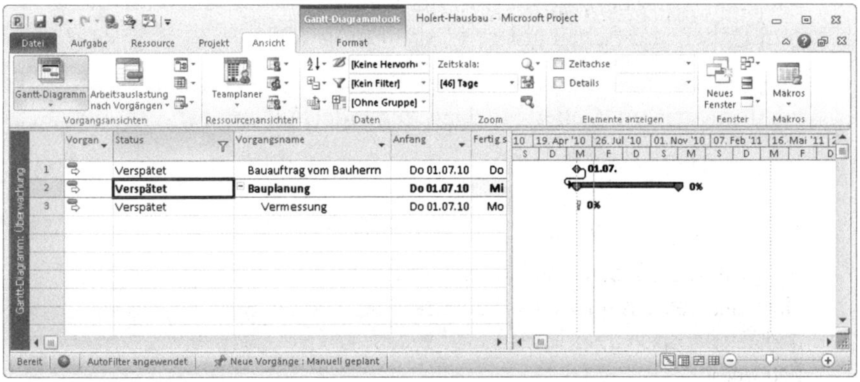

Um Vorgänge zu ermitteln, die verspätet sind, blenden Sie das Feld *Status* ein, aktivieren Sie den AutoFilter und filtern Sie auf den Wert *Verspätet.* Der Filter zeigt alle Vorgänge an, deren Fortschritt nicht bis zum Statusdatum geht. Das heißt, es werden nur Vorgänge angezeigt, bei denen Arbeit liegen geblieben ist. Dieser Filter ist unabhängig vom Basisplan.

Das Feld *Statusanzeige* zeigt diesen Status grafisch an. Das nebenstehend abgebildete Symbol bedeutet dabei, dass der Vorgang verspätet ist.

TIPP Mit der Funktion *Projekte vergleichen* (*Projekt/Berichte/Projekte vergleichen*) können Sie Unterschiede zwischen zwei Projektplänen ermitteln.[1]

Zur Beschreibung des Ist-Stands nennen Sie die Ist-Werte, fassen Sie die offenen Probleme zusammen, nennen Sie die Ursachen und unterbreiten Sie zudem Lösungsalternativen z.B. in Form von Änderungsanträgen. Beschreiben Sie die Auswirkungen auf die Fortsetzung des Projekts und die Erreichung der Projektziele.[2]

Abbildg. 1.72 Ist-Werte in der Projektstatistik

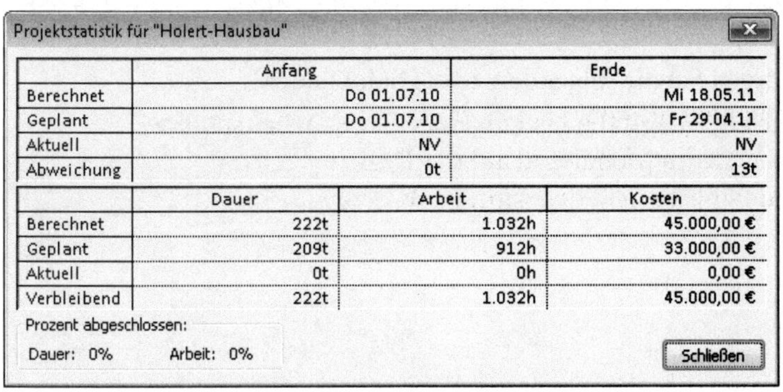

Projektstatistik für "Holert-Hausbau"

	Anfang	Ende
Berechnet	Do 01.07.10	Mi 18.05.11
Geplant	Do 01.07.10	Fr 29.04.11
Aktuell	NV	NV
Abweichung	0t	13t

	Dauer	Arbeit	Kosten
Berechnet	222t	1.032h	45.000,00 €
Geplant	209t	912h	33.000,00 €
Aktuell	0t	0h	0,00 €
Verbleibend	222t	1.032h	45.000,00 €

Prozent abgeschlossen:

Dauer: 0% Arbeit: 0%

Schließen

---

[1] Vgl. Holert 2011, S. 269-271

[2] Mehr zur Abweichungsanalyse (Gesamt-, Kosten- und Leistungsabweichung) finden Sie im Profibuch (Holert 2011, S. 220-229)

Ermitteln Sie den Ist-Stand anhand der Projektstatistik (*Projekt/Eigenschaften/Projektinformationen/Statistik*). In der Zeile *Aktuell* können Sie die Ist-Werte der Kosten, Dauer und Arbeit ablesen (Abbildung 1.72).

Sie können auch die Liste offener Punkte (Problemlisten) in Ihren Fortschrittsbericht integrieren. Gehen Sie dazu folgendermaßen vor:

Abbildg. 1.73 Liste offener Punkte

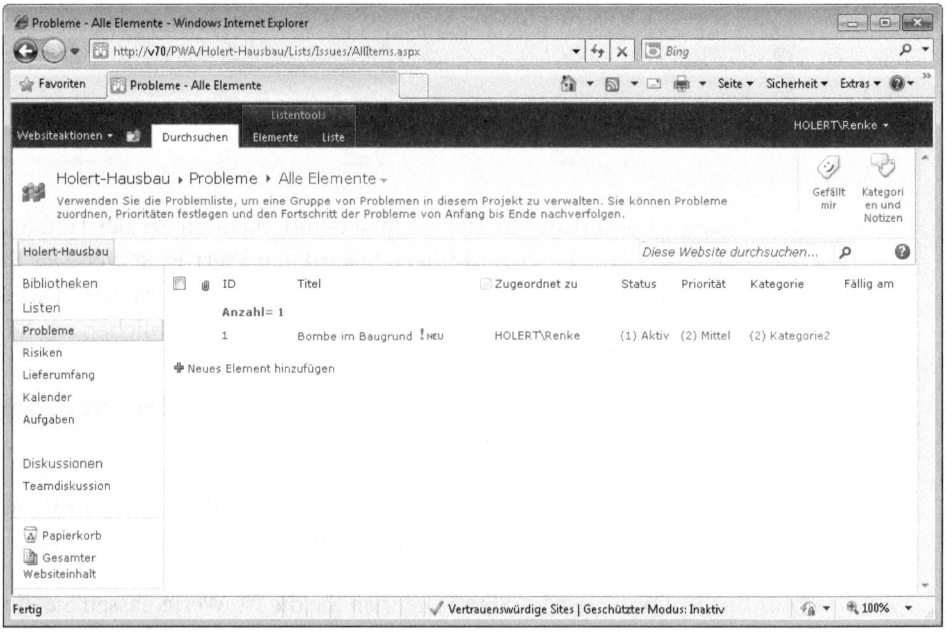

1. Sie erreichen die Problemliste am einfachsten im Menüband über *Datei/Informationen/Verwandte Einträge/Probleme.*
2. Um die Liste nach Excel zu exportieren, klicken Sie im Menüband auf der Registerkarte *Liste* in der Gruppe *Verbinden und exportieren* auf die Schaltfläche *Nach Excel exportieren.*
3. Bestätigen Sie die folgenden zwei Dialogfelder.
4. Danach erscheint die Liste in einer Excel-Arbeitsmappe.

Abbildg. 1.74 In Excel exportierte Liste offener Punkte

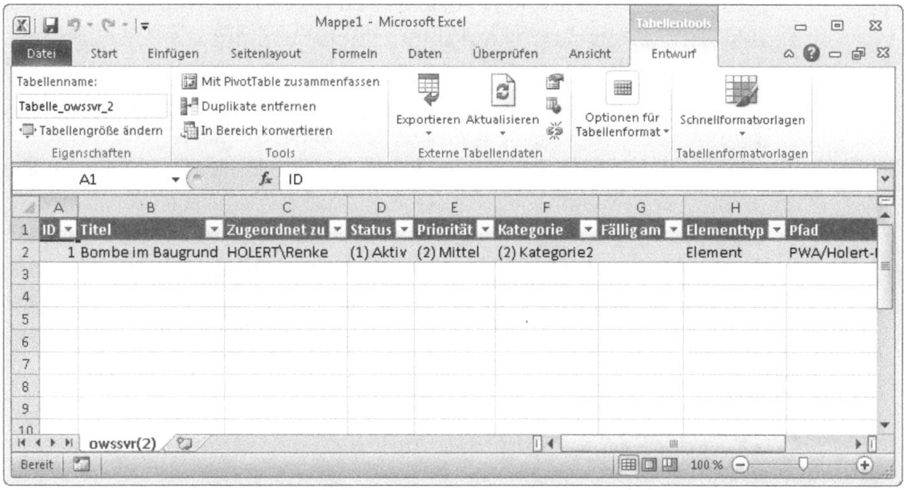

Ermitteln Sie nun die Ursachen für Verschiebungen in den einzelnen Phasen. Erarbeiten Sie Lösungsalternativen und schätzen Sie den zusätzlichen Aufwand oder Einsparungen für zusätzliche bzw. weggelassene Sach- und Dienstleistungen. Passen Sie den Projektplan entsprechend an.

Abbildg. 1.75 Kritische Vorgänge

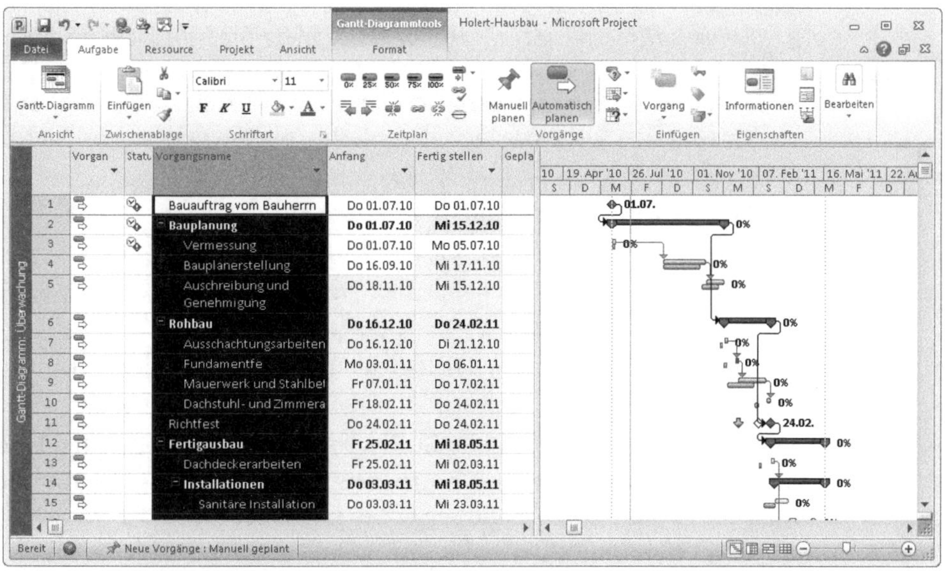

Prüfen Sie bei jedem zukünftigen Vorgang, ob nicht Kosten eingespart werden können. Checken Sie jeden Vorgang auf dem kritischen Weg, ob dieser nicht durch den Einsatz von mehr Ressourcen verkürzt werden kann. Prüfen Sie zudem, ob durch die Überlappung zu Vorgängern oder Nachfolgern das Projekt beschleunigt werden kann. Zur besseren Übersicht können Sie auch den Filter *kritisch* setzen, um ausschließlich die kritischen Vorgänge zu sehen (Abbildung 1.75). Spielen Sie verschiedene Szenarien durch und überprüfen Sie dann die Auswirkungen im Plan selbst oder in der Projektstatistik.

HINWEIS Der *kritische Weg* kennzeichnet alle Vorgänge, die Einfluss auf den Projektendtermin haben. In der Ansicht *Gantt-Diagramm: Überwachung* werden diese Vorgänge automatisch rot dargestellt. Wenn Sie ein Projekt in mehrere Phasen eingeteilt haben, dann wird standardmäßig der kritische Weg nur für die letzte Phase angezeigt, da nur diese unmittelbar Einfluss auf den Projektendtermin hat. Wenn Sie auch innerhalb der vorhergehenden Phasen einen kritischen Weg anzeigen möchten, dann aktivieren Sie im Menüband unter *Datei/Optionen/Erweitert/Berechnungsoptionen für dieses Projekt* die Option *Mehrere kritische Wege berechnen.*

Nehmen Sie in Ihrer Ausarbeitung Stellung zu den Fragen:

- Ist der Endtermin/die Gesamtkosten noch zu halten?
- Wenn nein, was kann getan werden, damit dies noch möglich wird?
- Welche Auswirkungen hat dies auf die voraussichtliche Endleistung (Inhalt und Umfang, Termine, Kosten)?
- Welche Risiken bestehen (Risikoanalyse)?

Übernehmen Sie Ihren favorisierten Vorschlag in Ihren Projektfortschrittsbericht.

TIPP Sie können Abweichungen im Projektplan durch Ampelindikatoren (*Projekt/Eigenschaften/Benutzerdefinierte Felder/Anzuzeigende Werte/Grafische Symbole*) visualisieren.[1]

Die *Vorausschau* konkretisiert den Zeitraum bis zum nächsten Berichtszeitpunkt. Stellen Sie dazu alle Vorgänge dar, die im nächsten Zeitraum stattfinden sollen. Gehen Sie dazu folgendermaßen vor:

1. Wechseln Sie in eine Gantt-Diagramm-Ansicht.
2. Wählen Sie den Filter *Terminbereich* aus.
3. Geben Sie im dann erscheinenden Dialogfeld unter *Anzeige von Vorgängen mit Anfang oder Ende nach* das aktuelle Datum ein.
4. Geben Sie im nächsten Dialogfeld unter *Und vor* den Termin der nächsten Besprechung ein.

Im Projektfortschrittsbericht gibt diese Ansicht allen Beteiligten einen Überblick über die direkt bevorstehenden Arbeiten (Abbildung 1.76). Damit ist die Aufbereitung der Leistungsinformationen abgeschlossen.

[1] Vgl. Holert 2011, S. 225 und S. 433-439

Abbildg. 1.76 Vorgänge bis zur nächsten Besprechung

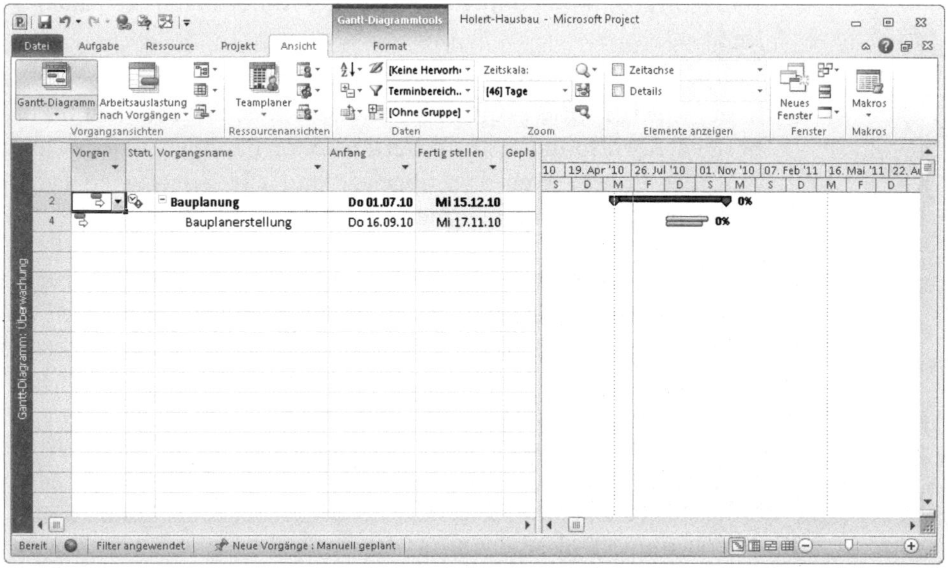

TIPP Wenn Sie zum jetzigen Zeitpunkt den aktuellen Stand des Projektplans veröffentlichen, können sofort alle Projektbeteiligten die gleichen Informationen über die Project Web App sehen. Je nach Berechtigung und Filterung auch entsprechend personalisiert.

Integrierte Änderungssteuerung durchführen

Zu den Zielen von *Integrierte Änderungssteuerung durchführen* (4.5 Perform Integrated Change Control) gehören u.a. folgende Dinge:[1]

- Feststellen, dass eine Änderung geschehen muss oder geschehen ist
- Verhindern, dass die Änderungssteuerung umgegangen wird, sodass nur genehmigte Änderungen umgesetzt werden
- Managen von Änderungsanträgen (Change Requests) und aller daraus folgenden Maßnahmen

Mit der Sammlung und Aufbereitung der Leistungsinformationen haben Sie die Grundlage geschaffen. Ausgangswerte sind u.a. genehmigte und abgelehnte Änderungsanträge. Als Methoden und Werkzeuge können Sie u.a. das Fachurteil von Kunden, Sponsoren und Experten einsetzen.

Wenn Änderungsanforderungen zugestimmt wird, aktualisieren Sie alle hiervon betroffenen Plandaten. Gehen Sie dazu folgendermaßen vor:

---

[1] Vgl. PMBOK 2008 D, S. 93-98

1. Überprüfen Sie in Project, ob sich alle genehmigten Änderungen im Basisplan widerspiegeln bzw. ob nicht genehmigte Änderungen dort auch nicht zu finden sind.
2. Stellen Sie sicher, dass die mit dem Projektplan verknüpften Dokumente aktualisiert wurden. Überprüfen Sie, ob alle aktuellen Versionen inklusive der zugehörigen Korrespondenz und Vertragsinformationen in der Dokumentverwaltung des Project Web App abgelegt und alle betroffenen Personen von den Änderungen informiert worden sind.

TIPP In der Dokumentverwaltung können sich Nutzer für bestimmte Dokumente als Abonnenten registrieren lassen, sodass sie automatisch über Änderungen informiert werden (*Benachrichtigungen*). Nachträglich lassen sich Änderungen zwischen Projektplänen durch die Funktion *Projekte vergleichen* ermitteln. Änderungen zwischen Word-Dokumenten können durch die standardmäßig eingebaute Version *Dokumente vergleichen* herausgefunden werden. Die Funktion erreichen Sie über die Registerkarte *Überprüfen* in der Gruppe *Vergleichen* über das Dropdownmenü zur Schalfläche *Vergleichen* wählen Sie den Befehl *Vergleichen* in Word.

Eine lückenlose Dokumentation der Änderungen vermeidet Missverständnisse bzw. hilft diese schnell aufzuklären. Sie schaffen darüber hinaus eine Wissensbasis für zukünftige Projekte.

Abschließende Prozesse

Die Abschlussprozessgruppe besteht aus den Prozessen, die dem formellen Abschluss aller Vorgänge eines Projekts oder einer Projektphase, der Übergabe der fertig gestellten Leistung oder dem Abschluss eines abgebrochenen Projekts dienen.[1] Sie besteht aus folgenden Prozessen:

- *Beschaffung abschließen* (12.4 Close Procurements)
- *Projekt oder Phase abschließen* (4.6 Close Project or Phase)

Beschaffung abschließen

Im Prozess *Beschaffung abschließen* (12.4 Close Procurements) wird jeder einzelne Beschaffungsvorgang zum Ende einer Phase oder des Projekts gegenüber dem Lieferanten formal abgeschlossen.[2] Hierzu gehört, zu überprüfen, dass alle durch den Lieferanten erbrachten Leistungen bzw. Liefergegenstände (Deliverables) vertragsgemäß erbracht wurden und die formale Abnahme gegenüber dem Lieferanten zu erklären.

[1] Vgl. PMBOK 2008 D, S. 64-65

[2] Vgl. PMBOK 2008 D, S. 341-344

Der Prozess umfasst auch, etwaige offene Punkte zu schließen oder die rechtliche Nachverfolgung einzuleiten. Gleichermaßen sorgt der Projektleiter für die Aktualisierung und Archivierung der zugehörigen Dokumente und Listen und stellt sicher, dass diese als Wissensbasis für zukünftige Phasen oder Projekte genutzt werden können.

Um in Project die Dokumente und offenen Punkte zu überprüfen und ggf. zu schließen, rufen Sie die Projektwebsite auf und gehen Sie vor, wie in den Abschnitten »Initiierungsprozesse« ab Seite 19 und »Risikomanagement planen« ab Seite 60 beschrieben.

Projekt abschließen

Mit *Abschließen des Projekts oder der Phase* (4.6 Close Project or Phase) beenden Sie auch auf Seiten Ihrer Organisation das Projekt oder die Phase und damit das Projektmanagement formell.[1] Hierzu gehört auch, zu überprüfen, ob im Rahmen des Projekts oder der vorangegangenen Phase alle Leistungen erbracht und gesteckte Ziele erreicht wurden. Dies umfasst auch, zu prüfen, ob die im Rahmen eines Werkvertrags nötigen Abnahmen durch den Kunden vorliegen, die im Rahmen des Prozesses *Verifizieren des Inhalts und Umfangs* (5.4 Verify Scope) eingebracht wurden.

Prüfen Sie hierzu den Projektplan und alle relevanten Dokumentbibliotheken und offene Punkte (Problemliste) in der Projektwebsite, wie oben beschrieben wurde, um u.a. sicherzustellen, dass die nötigen Dokumente vorliegen und keine Abnahme verhindernde Mängel mehr bestehen.

Verschieben Sie ggf. das Projekt inkl. der Projektwebsite ins Archivsystem. Aktualisieren Sie Qualifikationsangaben in Ihrem Ressourcenpool, falls sich Änderungen ergeben haben. Lassen Sie noch einmal alle Änderungen Revue passieren und überlegen Sie, ob Ihre Projektvorlage für diesen Projekttyp ggf. noch ergänzt werden kann, um die Planungsqualität für das nächste Projekt steigern zu können.

---

1 Vgl. PMBOK 2008 D, S. 99-102

Kapitel 2

Project für Projektmitarbeiter

In diesem Kapitel:

Die Zielgruppe für dieses Kapitel sind alle Projektbeteiligten, die in Projekten mitarbeiten. Dies sind im engeren Sinne die *Projektmitarbeiter*, die als Fachkräfte mit einer speziellen Qualifikation bestimmte Aufgaben im Projekt übernehmen. Daneben können die hier behandelten Themen aber auch für alle anderen Gruppen von Projektbeteiligten (Stakeholder), die in Projekten mitarbeiten, relevant sein: Beispielsweise Kunden, die einzelne Teilleistungen abnehmen oder an Konzepten mitwirken, Teamleiter, Mitglieder des Lenkungsausschusses oder Führungskräfte, die in Besprechungen bzw. Audits beratend tätig werden, Ressourcen-Manager und/oder die Projektleiter selbst, die Projektmanagementaufgaben wahrnehmen. Zusammengefasst ist dieses Kapitel für alle Anwender gedacht, für die Aufgaben (=Vorgänge) in Projekten eingeplant werden und die Fortschritt zu ihnen zugeteilten Aufgaben in Projekten zurückmelden sollen.

Alle Mitarbeiter in Projekten werden als *Ressourcen* bezeichnet. Der Begriff Ressourcen beschreibt neben diesen Humanressourcen (Ressourcenart: *Arbeit*) auch Sachressourcen (Ressourcenart: *Arbeit* oder *Material*) und Finanzressourcen (Ressourcenart: *Kosten*). Im Folgenden werden wir beschreiben, wie diese Humanressourcen ihre administrativen Aufgaben mit Project lösen können.

Ihr *Ziel* als Projektmitarbeiter ist es, Ihre Vorgänge u.a. in Bezug auf Inhalt und Umfang, Qualität, Aufwand und Termin zur Zufriedenheit des Auftraggebers fertig zu stellen. Sie erwarten, dass Ihnen hierfür eine angemessene Zeit und geplanter Aufwand zur Verfügung steht. Damit dies der Fall ist, müssen Sie in erster Linie während der Ausführungs-, Steuerungs- und abschließenden Prozesse eine Reihe von Aufgaben im Rahmen des Projektmanagements neben der eigentlichen fachlichen Tätigkeit wahrnehmen.

Während der Ausführungsprozesse beantworten Sie Terminanfragen des Projektleiters. Damit der Projektleiter das Projekt treffsicher ins Ziel steuern kann, geben Sie ihm im Rahmen der Steuerungsprozesse regelmäßig Rückmeldung über den Status Ihrer Vorgänge, indem Sie für alle Ihnen zugewiesenen Vorgänge den Ist-Aufwand (*Aktuelle Arbeit*) und Rest-Aufwand (*Verbleibende Arbeit*) zurückmelden. Sollten unerwartete Probleme auftreten, melden Sie diese ebenfalls zurück und unterbreiten Lösungsvorschläge, beispielsweise in Form neuer Vorgangsvorschläge oder indem Sie den Rest-Aufwand bereits existierender Vorgänge anpassen. Zum Abschluss setzen Sie ggf. den Rest-Aufwand auf »0« und übergeben die zum Vorgang erforderliche Dokumentation an den Projektleiter bzw. laden diese in den Projektarbeitsbereich hoch (*Abschließende Prozesse*).

In der Project Web App von Project Server stehen für Ihre administrativen Aufgaben im Rahmen des Projektmanagements als Projektmitarbeiter zwei Bereiche zur Verfügung. Zum einen ist das der Bereich *Vorgänge* und zum anderen der Bereich *Arbeitszeittabellen*. Beide Bereiche können über die Schnellstartleiste unter *Meine Arbeit* über die entsprechenden Verknüpfungen aufgerufen werden.

NEU IN 2010

Der Bereich *Vorgänge* ist dabei für die Kommunikation des Projektmitarbeiters mit dem Projektleiter gedacht. Der Bereich *Arbeitszeittabellen* ist in erster Linie für die

Kommunikation des Projektmitarbeiters mit dem Ressourcen-Manager gedacht. Beide Bereiche können getrennt oder gemeinsam eingesetzt werden. Neu in Project 2010 ist der *Einfache Eingabemodus*, d.h. Eingaben können in beiden Bereichen vorgenommen werden und werden im Hintergrund synchronisiert.[1]

Für unser Beispielunternehmen haben wir daher u.a. folgende Festlegungen getroffen, da sich diese in der Praxis bewährt haben. Wir setzen beide Bereiche ein und haben den einfachen Eingabemodus aktiviert. Wir gehen dabei davon aus, dass der Projektmitarbeiter schwerpunktmäßig zu Beginn des Arbeitstages den Bereich *Vorgänge* verwendet und zum Ende des Tages den Bereich *Arbeitszeittabellen*. Zudem ermitteln wir den Fortschritt in unserem Beispielunternehmen durch taggenaue Eingabe der Ist-Arbeit und anschließender Schätzung der Rest-Arbeit.[2]

Im Einzelnen sind in den nachstehenden Prozessgruppen folgende Schritte erforderlich:

Ausführungsprozesse

- Terminanfragen annehmen (Seite 100)
- Terminüberschneidungen feststellen (Seite 101)
- Terminanfrage ablehnen (Seite 104)
- Vorgang für aktuellen Tag ermitteln (Seite 106)
- Terminänderungen und -absagen bearbeiten (Seite 107)

Steuerungsprozesse

- Fortschritt zurückmelden und Genehmigung oder Ablehnung vom Projektleiter (Status-Manager) bearbeiten (Seite 111)
- Mehraufwand, Überstunden und/oder Probleme zurückmelden (Seite 120)
- Minderaufwand für Rest-Arbeit zurückmelden (Seite 124)
- Verzögerten Anfang, Unterbrechungen der Arbeit und Rest-Arbeiten zurückmelden (Seite 124)
- Vertretung zurückmelden (Seite 129)
- Stellvertreter einrichten (Seite 131)
- Abwesenheit durch Urlaub, Krankheit oder andere nicht projektbezogene Tätigkeiten zurückmelden (Seite 131)
- Arbeitszeittabelle an Ressourcen-Manager absenden und nachträglich korrigieren (Seite 131)

---

[1] Sowohl der Bereich *Vorgänge* als auch die *Arbeitszeittabellen* umfasst Teilaspekte, die im allgemeinen Sprachgebrauch oft als Aufgabenliste, Vorgangsliste, Arbeitsvorrat, Einsatzplan, Zeiterfassung, Leistungserfassung oder Stundenerfassung bezeichnet werden. Im Folgenden verwenden wir den Begriff »Vorgangsliste« oder »Vorgänge« für den Bereich *Meine Arbeit/Vorgänge* und »Arbeitszeittabelle« für den Bereich *Meine Arbeit/Arbeitszeittabelle*.

[2] Eine ausführliche Darstellung über die unterschiedlichen Betriebsarten der Bereiche *Vorgänge* und *Arbeitszeittabelle* finden Sie im Profibuch (Holert 2011, S. 503-506).

Abschließende Prozesse

- Vorgänge formell abschließen (Seite 133)
- Dokumentation abschließen (Seite 133)

Ausführungsprozesse

Im Rahmen der Ausführungsprozesse besteht Ihre Aufgabe darin, Ihre Vorgänge möglichst termintreu entsprechend der zuvor abgestimmten Planung zu erledigen.

Ihre eigentliche inhaltliche Tätigkeit während der Ausführungsprozesse kann in einer Planungsphase (z.B. Ausführungsplanung) auch die Planung einer späteren Ausführungsphase (Realisierung) sein.

Führen Sie hierzu folgende Schritte aus:

- Terminanfragen annehmen (Seite 100)
- Terminüberschneidungen feststellen (Seite 101)
- Terminanfrage ablehnen (Seite 104)
- Vorgang für aktuellen Tag ermitteln (Seite 106)
- Terminänderungen und -absagen bearbeiten (Seite 107)

Terminanfragen annehmen

Wenn der Projektleiter im Rahmen der Ausführungsprozesse Zuordnungen auf dem Project-Server veröffentlicht, um Ihnen eine Terminanfrage[1] zu senden, erhalten Sie automatisch eine E-Mail mit dem Betreff *In Projekt "<Projektname>" wurden Zuordnungen aktualisiert* (Abbildung 2.1).

Abbildg. 2.1 Terminanfrage

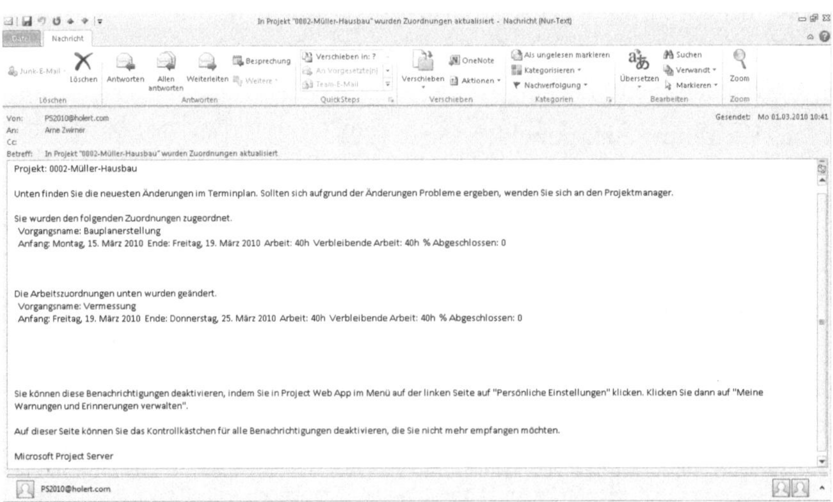

[1] Der Begriff »Terminanfrage« wird hier als Synonym für »Vorgangsanfrage«, »Aufgabenanfrage« oder auch »Ressourcenanfrage« verwendet.

Um die neuen Vorgänge anzuzeigen, gehen Sie folgendermaßen vor:

1. Öffnen Sie die Startseite der Project Web App.

Abbildg. 2.2 Neue Vorgänge im Bereich *Meine Arbeit/Vorgänge*

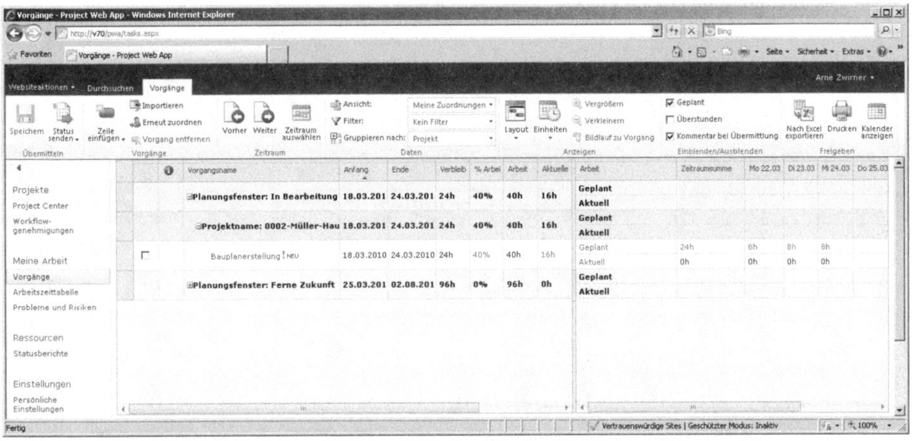

2. Klicken Sie in der linken Schnellstartleiste im Bereich *Meine Arbeit* auf die Verknüpfung *Vorgänge*. Neue Vorgänge erkennen Sie an dem grünen Ausrufezeichen mit dem Zusatztext *NEU* hinter dem Vorgangsnamen (Abbildung 2.2).

HINWEIS Standardmäßig ist im Bereich *Vorgänge* die Gruppierung *Periodengruppe/Projekt* aktiviert, d.h. Sie sehen alle Vorgänge nach Zeitbereich und Projekt gegliedert.

NEU IN 2010 Sie sehen im Bereich *Vorgänge* nur Ihre eigenen Vorgänge, Vorgänge anderer (z.B. generischer) Ressourcen sind nicht aufgeführt, auch wenn Sie Zuordnungsbesitzer sind.

HINWEIS Eine Büroklammer in der Indikatorspalte zeigt an, dass Anhänge für den Vorgang hinterlegt wurden. Klicken Sie auf das Symbol, um Anhänge des Vorgangs anzuzeigen. Dies können Risiken, Probleme oder Dokumente sein, die mit dem Vorgang in Bezug stehen.

Project bzw. der Projektleiter gehen standardmäßig davon aus, dass Sie alle angefragten Vorgänge annehmen. Sofern Sie einen oder mehrere Vorgänge nicht annehmen können, müssen Sie dies ausdrücklich mitteilen, wie weiter unten beschrieben wird. Ein Grund, die Terminanfrage nicht anzunehmen, kann beispielsweise eine Terminüberschneidung sein.

Terminüberschneidungen feststellen

In der Terminanfrage wird nicht automatisch angezeigt, ob Vorgänge sich möglicherweise mit bereits zuvor zugesagten Vorgängen überschneiden. Sie können zwar davon ausgehen, dass der Projektleiter auf Basis des zentralen Ressourcenpools Überbuchungen im Vorfeld verhindert, dennoch sollten Sie stets überprüfen, ob Terminüberschneidungen vorliegen. Gehen Sie dazu folgendermaßen vor:

Abbildg. 2.3 Feststellen von Terminüberschneidungen im aktuellen Zeitraum

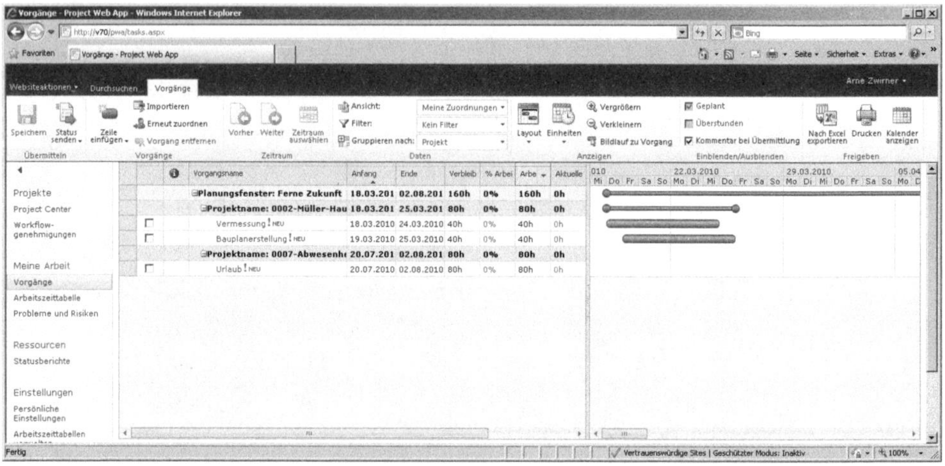

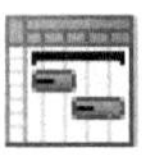

1. Klicken Sie in der Gruppe *Anzeigen* auf *Layout/Gantt-Diagramm*, um die Terminlage der Vorgänge grafisch als Balkendiagramm darzustellen. Sortieren Sie die Vorgänge nach dem Anfangsdatum, indem Sie auf die Spaltenüberschrift *Anfang* klicken.
2. Für den aktuellen Zeitraum kann ein Hinweis auf eine Terminüberschneidung sein, dass zwei Vorgänge parallel laufen (Abbildung 2.3). Es lässt sich jedoch nicht auf einen Blick erkennen, ob Ihre verfügbare Arbeitszeit für einen der Tage überschritten ist.

Abbildg. 2.4 Auf Periodenphasen/Zeitphasen bezogene Darstellung der berechneten Arbeit in der Vorgangstabelle

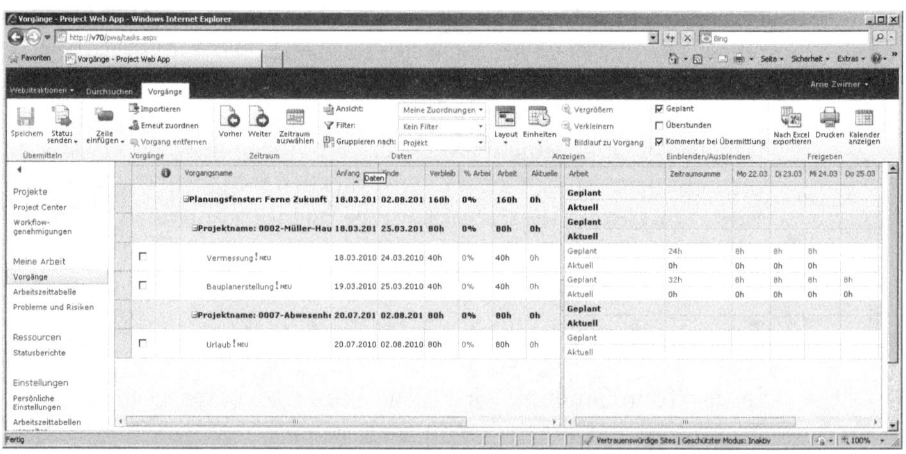

3. Um die berechnete Arbeit für den jeweiligen Zeitraum zu ermitteln, wechseln Sie bei den parallel verlaufenden Vorgängen wieder in das Layout *Daten mit Zeitphasen*. Die berechnete Arbeit können Sie dann in der rechten Bildschirmhälfte in den Zeilen mit der Beschriftung *Geplant* ablesen.[1] Die Summe der Arbeit pro Tag oder für den Gesamtzeitraum kann hier leider nicht angezeigt werden.

HINWEIS Eine Auswertung bei einer größeren Anzahl von Vorgängen ist in der Regel nicht mehr praktikabel.

Aus diesem Grund könnte die Arbeitszeittabelle, die auch die Gesamtarbeit pro Tag darstellt, eine Alternative zur Ermittlung von Terminüberschneidungen sein.

Wenn vom Administrator der *einfache Eingabemodus* und die Einstellung *Arbeitszeittabellen mit Vorgängen aktueller Arbeit auffüllen* aktiviert wurde, wie in unserem Musterunternehmen, werden auch in der Arbeitszeittabelle alle Vorgänge mit berechneter Arbeit im Zeitraum der Arbeitszeittabelle dargestellt.

Abbildg. 2.5 Darstellung der berechneten Arbeit in der Arbeitszeittabelle

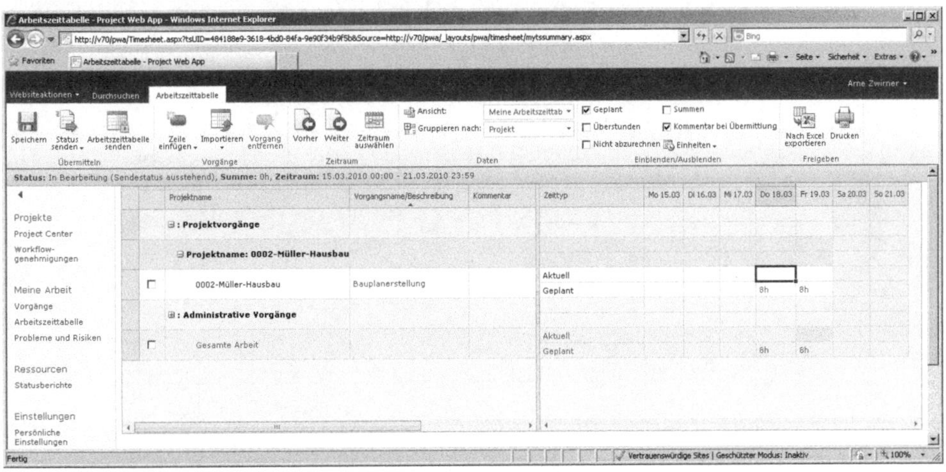

Um eine Arbeitszeittabelle anzuzeigen, wie in der Abbildung 2.5 dargestellt, gehen Sie folgendermaßen vor:

1. Klicken Sie in der linken Schnellstartleiste im Bereich *Meine Arbeit* auf die Verknüpfung *Arbeitszeittabelle.*
2. Wählen Sie ggf. einen passenden Zeitpunkt über die Schaltfläche *Zeitraum auswählen* in der Gruppe *Zeitraum* aus.
3. Aktivieren Sie das Kontrollkästchen *Geplant*, um die berechnete Arbeit für die Vorgänge anzuzeigen.

[1] Obwohl hier oft die Bezeichnung »geplante Arbeit« verwendet wird, ist hier nicht die im Basisplan gespeicherte Planarbeit gemeint, sondern die von Project bzw. dem Projektleiter für den Zeitraum aktuell vorgesehene (berechnete) Arbeit.

In der Zeile *Gesamte Arbeit* können Sie in der rechten Bildschirmhälfte in der Zeile *Geplant* die Gesamtsumme der Ihnen zugewiesenen Arbeit ablesen. Sofern diese Ihre maximale Arbeitszeit pro Tag übersteigt, handelt es sich um eine Terminüberschneidung.

Eine weitere Alternative ist es, die Termine mit Ihrem elektronischen Kalender so zu synchronisieren, dass die Termine der berechneten Arbeit des Vorgangs entsprechen. So können Sie auf einen Blick Überschneidungen auch mit Nicht-Project-Terminen feststellen.

Terminanfrage ablehnen

Um einen oder mehrere Vorgänge aus der Terminanfrage ggf. mit einem Kommentar abzusagen, gehen Sie folgendermaßen vor (siehe auch Abbildung 2.6):

Abbildg. 2.6 Ablehnen einer Terminanfrage

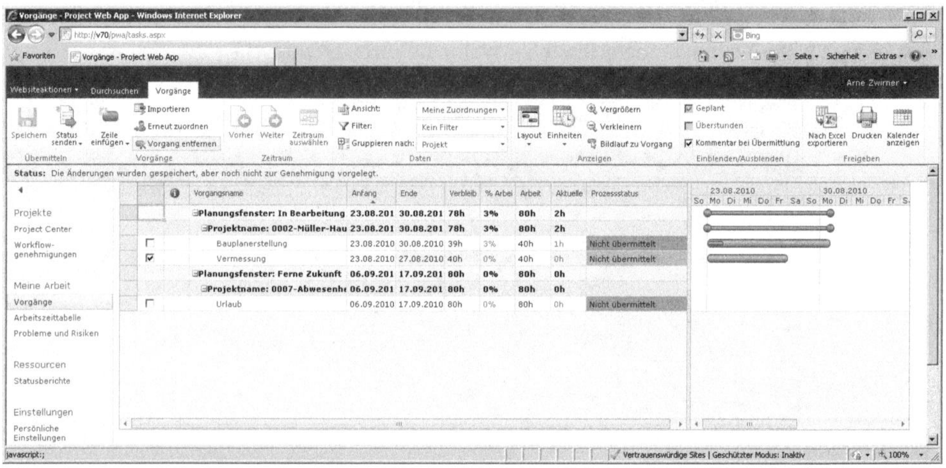

1. Zeigen Sie die Ihnen zugeordneten Vorgänge an, indem Sie in der PWA in der linken Schnellstartleiste im Bereich *Meine Arbeit* auf die Verknüpfung *Vorgänge* klicken.
2. Markieren Sie den entsprechenden Vorgang, indem Sie das Kontrollkästchen in der ersten Spalte aktivieren.
3. Klicken Sie auf die Schaltfläche *Vorgang entfernen* in der Gruppe *Vorgänge*.

Abbildg. 2.7 Bestätigung der Terminablehnung

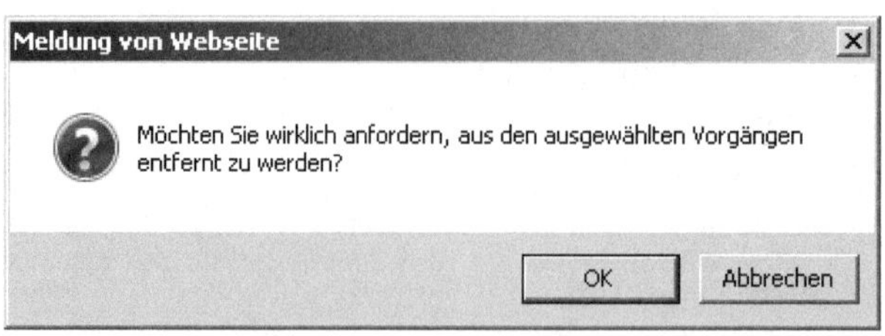

4. Klicken Sie im Bestätigungsdialogfeld auf die Schaltfläche *OK*.

Abbildg. 2.8 Absenden der Terminablehnung

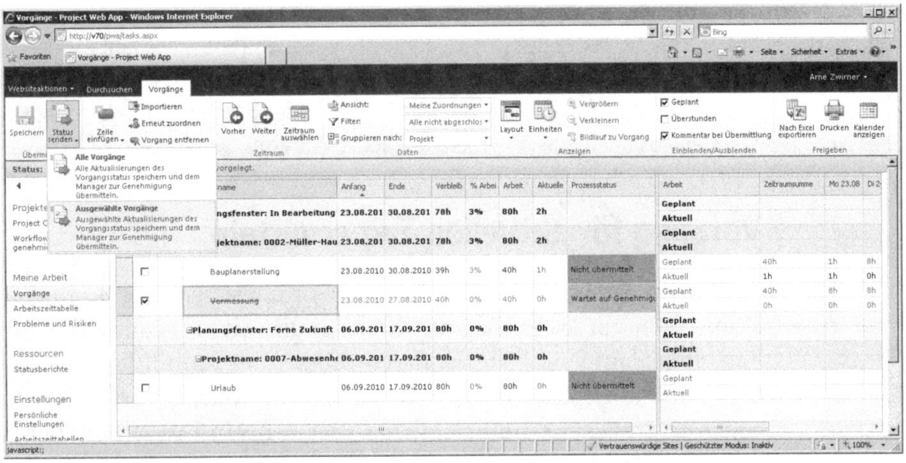

5. Stellen Sie sicher, dass das Kontrollkästchen *Kommentar bei Übermittlung* in der Gruppe *Einblenden/Ausblenden* aktiviert ist, damit Sie auch eine Begründung an den Projektleiter senden können.

6. Klicken Sie auf die Schaltfläche *Status senden/Ausgewählte Vorgänge*, um die Terminablehnung abzusenden.

Abbildg. 2.9 Eingabe einer Notiz

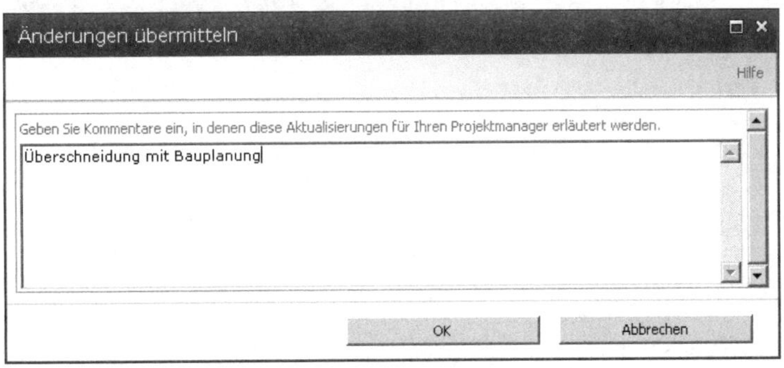

7. Geben Sie eine Begründung für die Absage ein und klicken Sie auf die Schaltfläche *OK*.

Der Projektleiter wird jetzt automatisch darüber informiert, dass Sie den Vorgang nicht annehmen. Dies heißt, der Text wird für ihn im Verlauf zu dem Vorgang sichtbar, den er beispielsweise über das Genehmigungscenter aufrufen kann und wird in der Benachrichtigungs-E-Mail sichtbar (siehe Kapitel 1). Falls Sie den Kommentar ins Notizfeld des Vorgangs eintragen möchten, gehen Sie wie im Abschnitt »Terminänderungen bearbeiten« ab Seite 107 beschrieben vor.

HINWEIS Der Vorgang bleibt solange unter *Meine Arbeit/Vorgänge* sichtbar, bis der Projektleiter (Status-Manager) die Terminabsage genehmigt und den Projektplan erneut veröffentlicht hat.

In der zum Zeitpunkt der Drucklegung vorliegenden Produktversion existiert die Schaltfläche *Vorgang entfernen* auch in der Arbeitszeittabelle und soll laut Beschreibungstext zur Schaltfläche die gleiche Funktion haben, wie die Schaltfläche in der Vorgangsliste. Allerdings wird hiermit nur der Vorgang aus der aktuellen Arbeitszeittabelle entfernt.

Vorgang für aktuellen Tag ermitteln

An jedem Arbeitstag haben Sie nun mindestens zwei administrative Aufgaben: Zum einen gilt es, zu Beginn Ihrer Arbeitszeit zu ermitteln, wofür Sie an diesem Tag eingeplant sind. Zum anderen müssen Sie zumindest am Ende eines Arbeitstags zurückmelden, wie viel Arbeit Sie für welche Vorgänge aufgewendet haben und wie groß der voraussichtliche Rest-Aufwand ist. Ihren Tagesplan können Sie auf folgende Art und Weise nachschlagen:

1. Öffnen Sie den Bereich *Meine Arbeit/Vorgänge.*
2. Aktivieren Sie ggf. das Kontrollkästchen *Geplant* in der Gruppe *Einblenden/Ausblenden*, um die berechnete Arbeit anzuzeigen.

Abbildg. 2.10 Überfällige Vorgänge

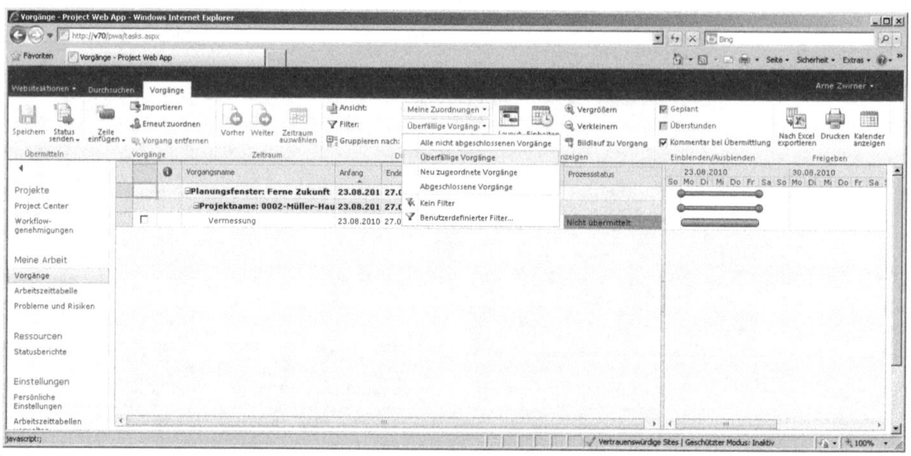

Vorgänge, die für den aktuellen Tag einplant sind, sehen Sie unter der Gruppierung *Planungsfenster: In Bearbeitung*. Unter dieser Gruppierung sehen Sie neben diesen fälligen *Vorgängen* auch alle überfälligen. Die Vorgänge unter den Planungsfenstern *Nahe Zukunft* und *Ferne Zukunft* können Sie an dieser Stelle ignorieren.

HINWEIS Um nur die überfälligen Vorgänge anzuzeigen, wählen Sie den Filter *Überfällige Vorgänge* in der Gruppe *Daten*. Die nun angezeigten Vorgänge sind noch nicht abgeschlossen (*Verbleibende Arbeit > 0 h*); deren berechnetes Ende liegt vor dem aktuellen Tag (Abbildung 2.10).

Um Vorgänge gemäß ihrer Anordnung im Projektplan anzuzeigen, d.h. in nach ihrer Struktur von Sammelvorgängen, gruppieren Sie die Ansicht am besten benutzerdefiniert nach Projekt und Vorgangshierarchie.

Sie können sich von Project Server auch per E-Mail an fällige Vorgänge erinnern lassen. Wählen Sie dazu in der linken Schnellstartleiste die Verknüpfung *Persönliche Einstellungen* im Bereich *Einstellungen* aus und klicken Sie dann auf die Verknüpfung *Meine Warnungen und Erinnerungen verwalten* und legen Sie im Abschnitt *Vorgangserinnerungen* den Benachrichtigungsmodus entsprechend Ihrer Wünsche fest.

BESSER IN 2010

HINWEIS Sie können Ihre Vorgänge bzw. Zuordnungen auch als *Aufgaben* in Outlook anzeigen lassen. Voraussetzung hierfür ist, dass die Synchronisation mit Exchange Server vom Project Server-Administrator eingerichtet wurde.

Das Add-On *Allocatus* trägt Project-Vorgänge u.a. in den *Kalender* von Outlook und Lotus Notes entsprechend der in Project berechneten Arbeit ein. Hierdurch können Sie in Ihrer gewohnten Umgebung ggf. auch auf Ihrem Mobiltelefon die für den aktuellen Tag eingeplanten Vorgänge sehen.[1]

Terminänderungen und -absagen bearbeiten

Für den Fall, dass einige Vorgänge nicht innerhalb des vorgesehenen Zeitraums abgeschlossen werden können, wird der Projektleiter die Auswirkungen auf seine ursprüngliche Planung mithilfe von Project ermitteln und ggf. Umplanungen vornehmen. Dies kann beispielsweise zur Folge haben, dass sich Termine für Ihre Vorgänge verschieben (Abschnitt »Terminänderungen bearbeiten« ab Seite 107) oder Ihre Zuweisung zu bestehenden Vorgängen entfernt wird (Abschnitt »Terminabsagen bearbeiten« ab Seite 110).

Terminänderungen bearbeiten

Eine Terminänderung (Abbildung 2.11) erkennen Sie im Posteingang an der Betreffzeile *In Projekt "<Projektname>" wurden Zuordnungen aktualisiert*. Falls Sie diese Nachricht nicht erhalten, haben eventuell Sie selbst oder Ihr Ressourcen-Manager die Benachrichtigungen deaktiviert (s.o. *Persönliche Einstellungen/Meine Warnungen und Erinnerungen verwalten*).

[1] Vgl. *http://www.allocatus.com*

Abbildg. 2.11 Terminänderung

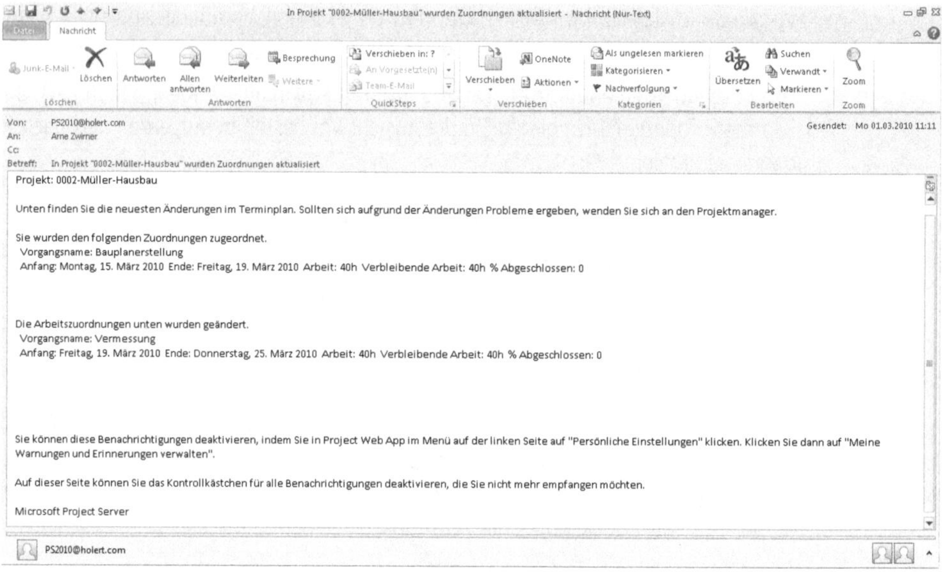

Zur Bearbeitung der Terminänderung führen Sie folgende Schritte aus:

1. Öffnen Sie den Bereich *Vorgänge*.

Abbildg. 2.12 Geänderte Vorgänge in der Vorgangsliste

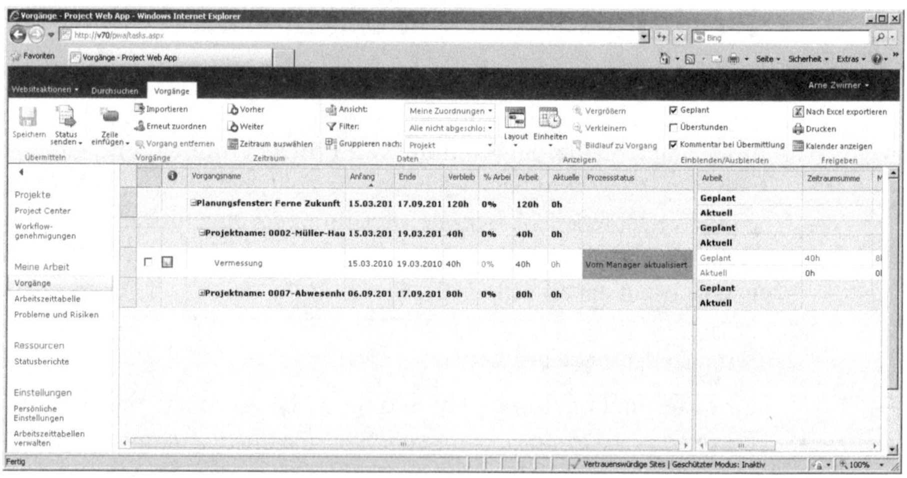

2. Geänderte Vorgänge erkennen Sie am Eintrag *Vom Manager aktualisiert* in der Spalte *Prozessstatus* (Abbildung 2.12).

Sie können an dieser Stelle nur erkennen, wo der Vorgang nach neuester Planung liegt, jedoch nicht, wie der Vorgang vorher zeitlich lag. Wenn Sie überprüfen möchten, ob der Termin eine Überschneidung verursacht, gehen Sie vor, wie im Abschnitt »Terminüberschneidungen feststellen« ab Seite 101 beschrieben.

TIPP Wenn Sie alle Vorgänge, die vom Projektleiter (*Status-Manager*) geändert wurden, zusammen darstellen möchten, wählen Sie im Menüband auf der Registerkarte *Vorgänge* in der Gruppe *Daten* im Dropdownlistenfeld *Gruppieren nach* den Eintrag *Status* aus.

Sofern sich Probleme durch den Termin ergeben, teilen Sie dies dem Projektleiter durch eine Vorgangsnotiz mit. Gehen Sie dazu folgendermaßen vor:

1. Klicken Sie auf den Vorgangsnamen, um die Seite *Details* anzuzeigen.
2. Führen Sie einen Bildlauf bis zum Abschnitt *Notizen* durch und geben den Notiztext im Feld *Notizen* ein.

Abbildg. 2.13 Eingeben einer Vorgangsnotiz

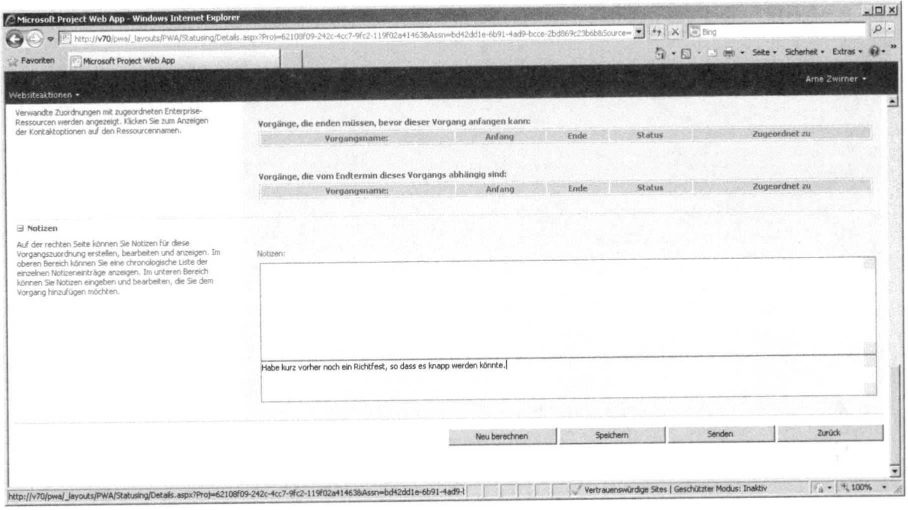

HINWEIS Auf der Seite *Details* können Sie im Abschnitt *Kontakte* den Namen des Projektleiters (*Manager*) und den Namen des Rückmeldungsempfängers (*Status-Manager*) im Feld *Genehmigender Manager* ablesen.

3. Klicken Sie auf die Schaltfläche *Speichern*.

Abbildg. 2.14 Vorgang mit Notiz

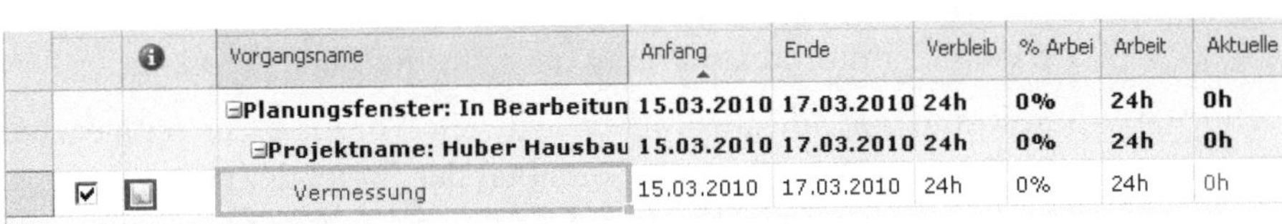

		Vorgangsname	Anfang	Ende	Verbleib	% Arbei	Arbeit	Aktuelle
		⊟Planungsfenster: In Bearbeitun	15.03.2010	17.03.2010	24h	0%	24h	0h
		⊟Projektname: Huber Hausbau	15.03.2010	17.03.2010	24h	0%	24h	0h
☑		Vermessung	15.03.2010	17.03.2010	24h	0%	24h	0h

4. Markieren Sie den Vorgang und klicken Sie auf die Schaltfläche *Auswahl übermitteln*.

HINWEIS Die Notiz wird bei Genehmigung durch den Projektleiter in das Notizfeld des Vorgangs eingetragen – im Gegensatz zu (Transaktions-)Kommentaren (siehe beispielsweise den Abschnitt »Fortschrittsrückmeldung über die Arbeitszeittabelle« ab Seite 114), die nur im Verlauf zum Vorgang gespeichert werden.

Terminabsagen bearbeiten

Für den Fall, dass Sie von einem zuvor zugewiesenen Vorgang entbunden (Terminabsage) werden, erhalten Sie ebenfalls eine E-Mail mit dem Betreff *In Projekt "<Projektname>" wurden Zuordnungen aktualisiert* (Abbildung 2.15).

Abbildg. 2.15 Terminabsage bearbeiten

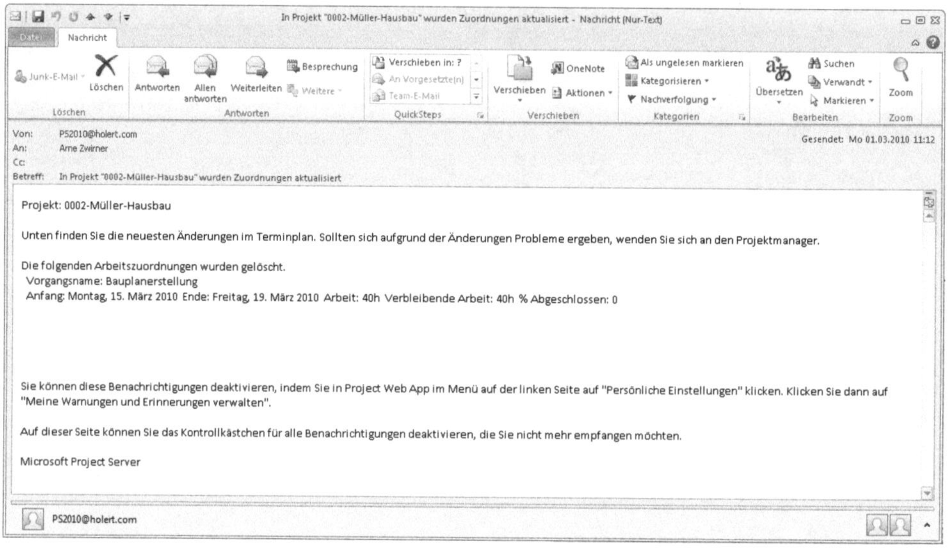

Mit dem Versand der E-Mail-Benachrichtigung wird der Vorgang aus dem Bereich *Vorgänge* gelöscht. Sie können somit an dieser Stelle nicht erkennen, dass eine ursprüngliche Zuordnung aufgehoben wurde.

Falls Sie zu einem späteren Zeitpunkt wieder zu einem zuvor abgesagten Vorgang eingeplant werden, erhalten Sie für diesen erneut eine Terminanfrage. Der Bereich *Meine Arbeit/Vorgänge* zeigt also stets den neuesten Stand Ihrer Termine, die sich aus der Gesamtprojektplanung des Unternehmens ergeben.

Somit sind von administrativer Seite alle Voraussetzungen gegeben, damit Sie Ihre Vorgänge entsprechend der Vorgaben der Projektleiter termingenau erledigen können. Damit der Projektleiter auf Änderungen reagieren kann, geben Sie ihm regelmäßig ein Feedback wie im nachfolgenden Abschnitt »Steuerungsprozesse« beschrieben wird.

Steuerungsprozesse

Ziel der *Steuerungsprozesse* ist es, frühestmöglich Informationen über Planabweichungen zu gewinnen, damit entsprechend zeitnah gegengesteuert werden kann. Ihre Aufgabe als Projektmitarbeiter besteht u.a. darin, regelmäßig das Erreichte zu reflektieren, mögliche Probleme zu identifizieren und auf dieser Basis die Ist- und Rest-Arbeit zurückzumelden. Aus der Summe dieser beiden Größen ermittelt der Projektleiter mit Project die voraussichtliche Gesamt-Arbeit (*Arbeit*) und vergleicht diese mit der Plan-Arbeit (*Geplante Arbeit*). Hierdurch kann er Abweichungen bereits ermitteln, bevor »das Kind in den Brunnen gefallen ist« und Maßnahmen ergreifen, die Sie entlasten und das Projekt wieder auf Kurs bringen.

Wie zu Anfang des Kapitels beschrieben, haben wir hierfür u.a. den Einheitlichen Modus und die Standardmethode für die Fortschrittsberichterstattung (*Überwachungsmethode*) auf Arbeitsstunden pro Tag festgelegt. Wir unterscheiden dabei nach Überstundenarbeit und nicht nach nicht abzurechnender Arbeit, da nach unserer Erfahrung kommerzielle Bewertung nicht seitens des Projektmitarbeiters durchgeführt wird.

Nachfolgend beschreiben wir die häufigsten Fälle, die Sie im Rahmen der Steuerungsprozesse antreffen:

- Fortschritt zurückmelden und Genehmigung oder Ablehnung vom Projektleiter (Status-Manager) bearbeiten (Seite 111)
- Mehraufwand, Überstunden und/oder Probleme zurückmelden (Seite 120)
- Minderaufwand für Rest-Arbeit zurückmelden (Seite 124)
- Verzögerten Anfang, Unterbrechungen der Arbeit und Rest-Arbeiten zurückmelden (Seite 124)
- Vertretung zurückmelden (Seite 129)
- Abwesenheit durch Urlaub, Krankheit oder andere nicht projektbezogene Tätigkeiten zurückmelden (Seite 131)
- Arbeitszeittabelle an Ressourcen-Manager absenden und nachträglich korrigieren (Seite 131)

Fortschritt zurückmelden und Genehmigung oder Ablehnung vom Projektleiter (Status-Manager) bearbeiten

Um den Fortschritt (Status) zurückzumelden, stehen Ihnen im einheitlichen Modus wahlfrei sowohl die Arbeitszeittabelle zur Verfügung als auch der Bereich Vorgänge. Unter der am Anfang des Kapitels beschriebenen Prämisse, dass schwerpunktmäßig am Ende des Tages die Arbeitszeittabelle zur Erfassung verwendet wird, stellen wir diese Vorgehensweise in den Vordergrund. Vorteil ist hierbei u.a. dass die Summe der Arbeit pro Tag gebildet wird. Sofern Sie sich jedoch im Rahmen der täglichen

Arbeitsplanung ohnehin im Bereich Vorgänge befinden, können Sie den Fortschritt auch aus diesem Bereich zurückmelden. Vorteil hierbei ist u.a., dass Sie die Vorgänge besser nach Kriterien wie Status und Projekt darstellen können. Neben der Fortschrittsrückmeldung beschreiben wir in diesem Abschnitt zudem voran Sie Änderungen an Ihren Vorgängen durch den Projektleiter erkennen können:

- Fortschrittsrückmeldung über die Arbeitszeittabelle (Seite 112)
- Fortschrittsrückmeldung über Vorgänge (alternativ zur Rückmeldung über die Arbeitszeittabelle) (Seite 115)
- Projektaktualisierung oder Ablehnung einer Statusmeldung bearbeiten (Seite 119)

Fortschrittsrückmeldung über die Arbeitszeittabelle

Um für einen aktuellen Vorgang den Fortschritt zurückzumelden, empfehlen wir die folgende Vorgehensweise:

1. Führen Sie im Bereich *Meine Arbeit/Arbeitszeittabelle* einen Bildlauf zu dem Vorgang durch, den Sie heute bearbeitet haben.

TIPP Sie können den Platz auf dem Bildschirm besser ausnutzen, wenn Sie die Schnellstartleiste ausblenden. Klicken Sie hierzu auf das Dreieck-Symbol am oberen Rand der Schnellstartleiste.

2. Klicken Sie mit der Maus auf die Zelle, die zu dem Tag und diesem Vorgang gehört.

Abbildg. 2.16 Fortschritt zurückmelden

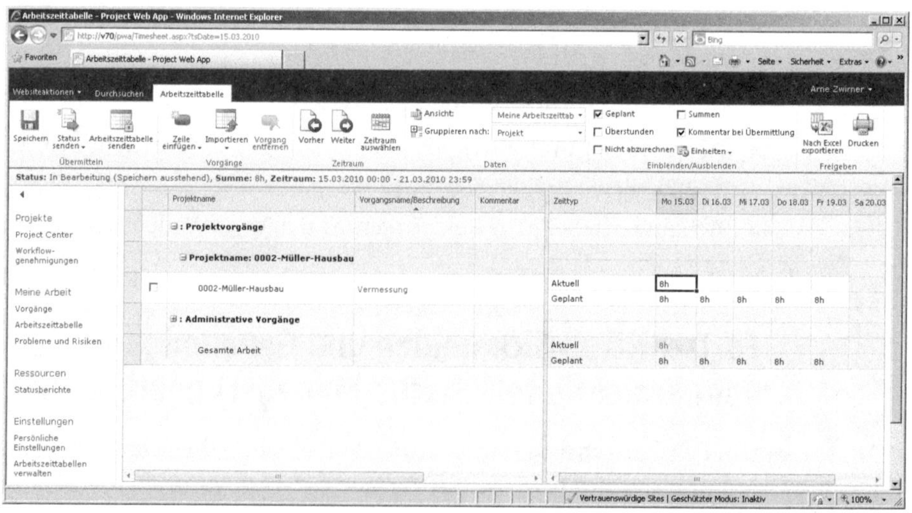

3. Geben Sie in der Zeile *Aktuell* in der Spalte des heutigen Tages in Stunden die *Ist-Arbeit* an, die Sie heute für diesen Vorgang aufgewendet haben (Abbildung 2.16).

Abbildg. 2.17 Speichern der Änderungen

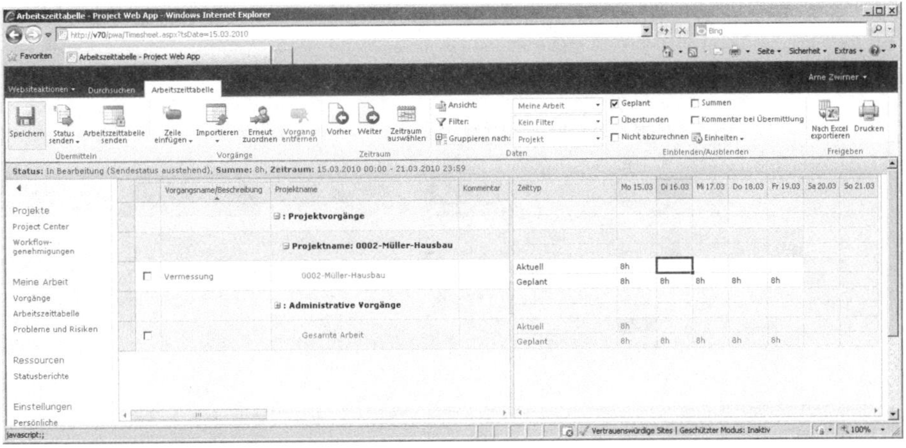

4. Speichern Sie die Eingabe, indem Sie auf die Schaltfläche *Speichern* in der Gruppe *Übermitteln* klicken. Hierdurch wechselt die Statusanzeige (Spalte *Prozessstatus*) über der Tabelle auf *Sendestatus ausstehend,* wie in Abbildung 2.17 abgebildet. Durch das Speichern werden auch die abhängigen Werte, wie *Verbleibende Arbeit* und *% Arbeit abgeschlossen* neu berechnet.

Abbildg. 2.18 Geschätzten Rest-Aufwand eingeben

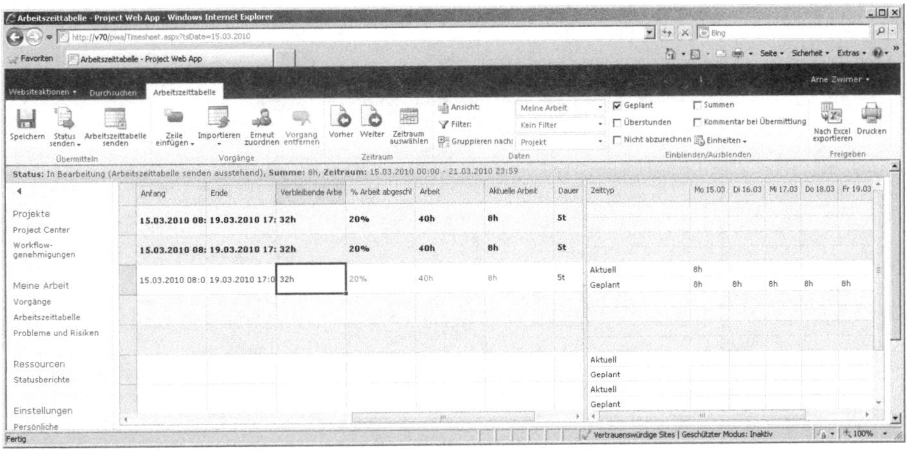

5. Klicken Sie nun in die Spalte *Verbleibende Arbeit* desselben Vorgangs. Schätzen Sie aufgrund der aktuellen Sachlage den *Rest-Aufwand* für den Vorgang. Für den Fall, dass sich Ihre Schätzung mit der Differenz aus *Arbeit* und *Aktueller Arbeit* deckt, brauchen Sie nichts zu unternehmen; im Falle von Mehr- oder Minderaufwand hingegen passen Sie den Wert in der Spalte *Verbleibende Arbeit* an, wie nachfolgend in den Abschnitten »Mehraufwand, Überstunden und/oder Probleme zurückmelden« ab Seite 120 bzw. »Minderaufwand für Rest-Arbeit zurückmelden« ab Seite 124 beschrieben wird.

HINWEIS Sollte die Spalte *Verbleibende Arbeit* nicht angezeigt werden, wechseln Sie in eine Ansicht, z.B. *Meine Arbeit* in der Gruppe *Daten*, die dieses Feld enthält.

Abbildg. 2.19 Vorgangsaktualisierungen übermitteln

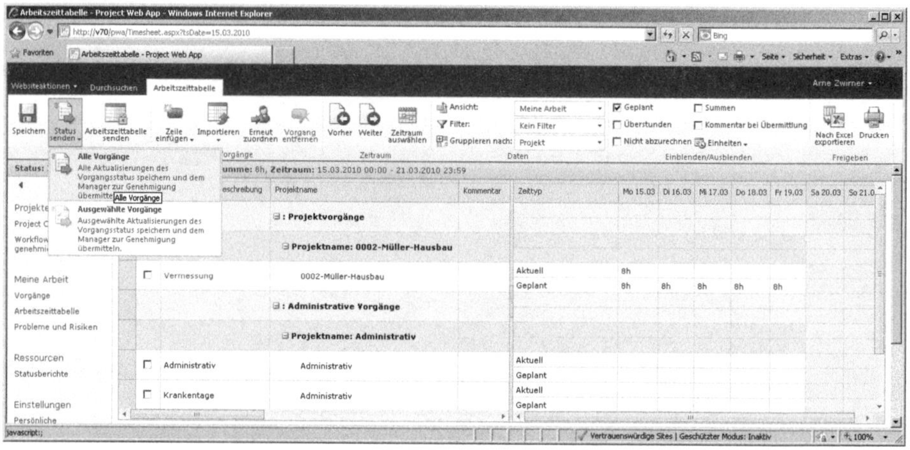

6. Senden Sie täglich, aber spätestens am Ende der Woche die Aktualisierungen an Ihren Projektleiter, indem Sie auf die Schaltfläche *Status senden/Alle Vorgänge* klicken.

Abbildg. 2.20 Transaktionskommentar eingeben

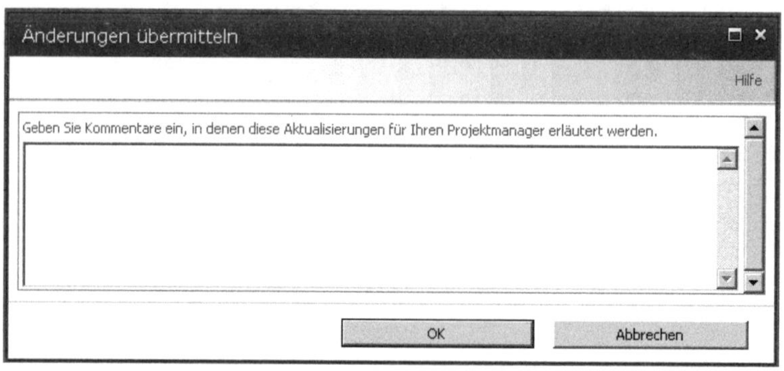

7. Geben Sie ggf. noch einen Kommentar ein, indem Sie vor dem Versenden *Kommentar bei Übermittlung* in der Gruppe *Einblenden/Ausblenden* auswählen. Klicken Sie anschließend auf die Schaltfläche *OK*.

Abbildg. 2.21 Abgesendete Vorgangsaktualisierung

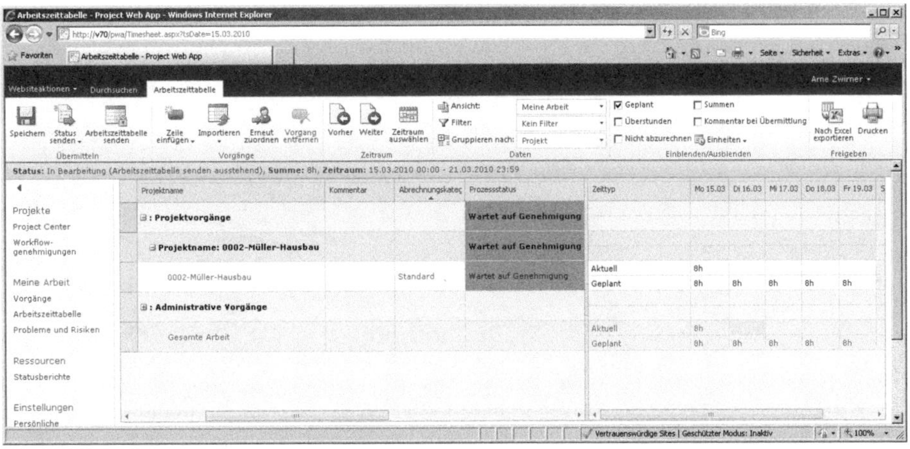

8. In der Spalte *Prozessstatus* erscheint daraufhin *Wartet auf Genehmigung.*

Der Projektleiter bekommt nun, falls dies nicht deaktiviert wurde, eine E-Mail mit dem Betreff *Aktualisierte Zuordnungen wurden von Ressourcen übermittelt.* In der E-Mail und im Genehmigungscenter kann dieser den Kommentar zu der entsprechenden Rückmeldung einsehen.

Fortschrittsrückmeldung über Vorgänge (alternativ zur Rückmeldung über die Arbeitszeittabelle)

Für einen aktuellen Vorgang kann der Fortschritt auch über die Vorgangsliste zurückgemeldet werden. Wir empfehlen, den zuvor beschriebenen Weg über die Arbeitszeittabelle zu beschreiten, u.a. weil hier in einem Dialogfeld Vorgangsaktualisierungen und administrative Zeiten zusammengefasst sind und die Gesamte Arbeit pro Tag in einer Summenzeile darstellbar ist. Außerdem ist es meist erforderlich, die Arbeitszeittabelle zum Ende eines Erfassungszeitraums zu versenden. Dies kann nur von der Arbeitszeittabelle aus geschehen und wird häufig vergessen, wenn Teammitglieder sich nur in der Vorgangsliste bewegen. Dennoch kann es unter Umständen, z.B. aufgrund erweiterter Ansichtsoptionen, einfacher sein, die Ist-Arbeit direkt in der Vorgangsliste zu erfassen. Aus diesem Grund beschreiben wir diesen Weg im folgenden Abschnitt:

1. Führen Sie im Bereich *Meine Arbeit/Vorgänge* einen Bildlauf zu dem Vorgang durch, den Sie gerade bearbeitet haben, und wechseln Sie ggf. in das Layout *Daten mit Zeitphasen.*
2. Klicken Sie mit der Maus auf die Zelle, die zu dem Tag und diesem Vorgang gehört.

Abbildg. 2.22 Fortschritt zurückmelden

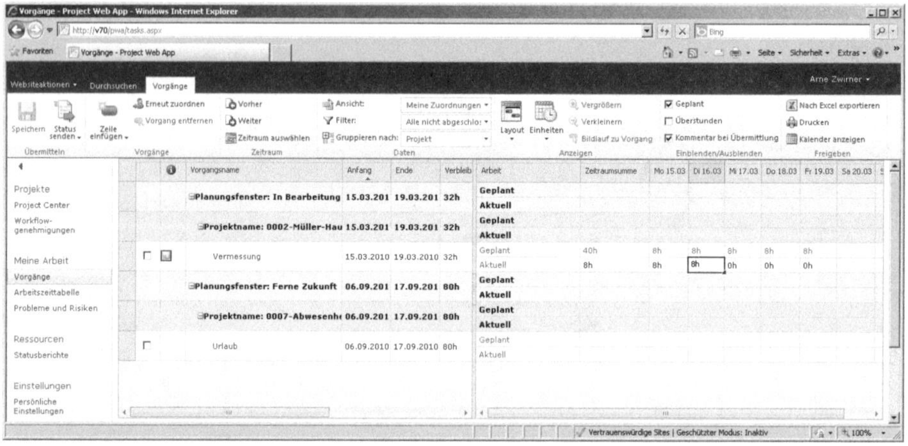

3. Geben Sie in der Zeile *Aktuelle Arbeit* in der Spalte des heutigen Tages in Stunden die Ist-Arbeit an, die Sie heute für diesen Vorgang aufgewendet haben (Abbildung 2.22).

Abbildg. 2.23 Geschätzten Rest-Aufwand eingeben

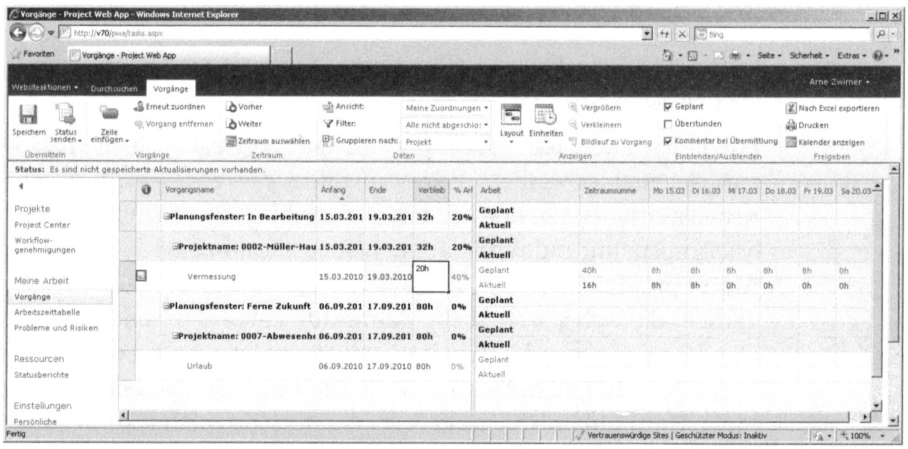

4. Klicken Sie nun in die Spalte *Verbleibende Arbeit* desselben Vorgangs.

   Schätzen Sie aufgrund der aktuellen Sachlage den Rest-Aufwand für den Vorgang. Für den Fall, dass sich Ihre Schätzung mit der Differenz aus *Arbeit* und *Aktueller Arbeit* deckt, brauchen Sie nichts zu unternehmen; im Falle von Mehr- oder Minderaufwand hingegen passen Sie den Wert in der Spalte *Verbleibende Arbeit* an, wie nachfolgend in den Abschnitten »Mehraufwand, Überstunden und/oder Probleme zurückmelden« ab Seite 120 bzw. »Minderaufwand für Rest-Arbeit zurückmelden« ab Seite 124 beschrieben wird.

Abbildg. 2.24 Speichern der Änderungen

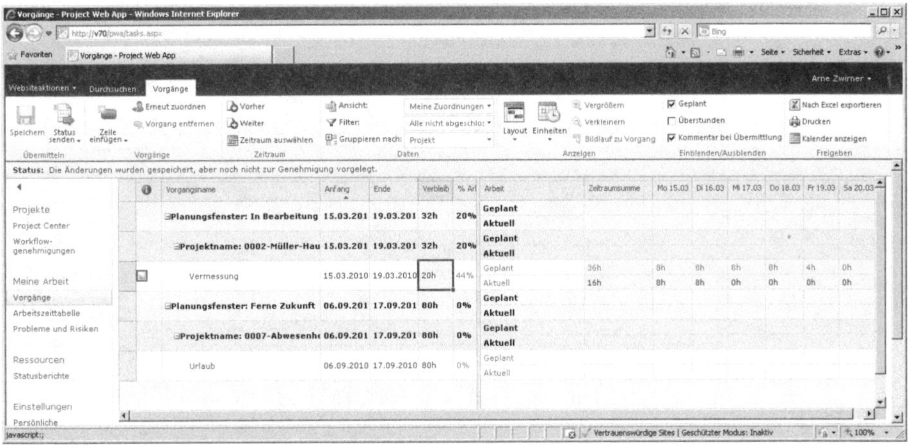

5. Speichern Sie die Eingabe, indem Sie auf die Schaltfläche *Speichern* in der Gruppe *Übermitteln* klicken. Hierdurch wechselt die gelbe Statusanzeige über der Tabelle von *Es sind noch nicht gespeicherte Änderungen vorhanden* zu *Die Änderungen wurden gespeichert, aber noch nicht zur Genehmigung vorgelegt*, wie in Abbildung 2.24 dargestellt.

Abbildg. 2.25 Vorgangsaktualisierungen übermitteln

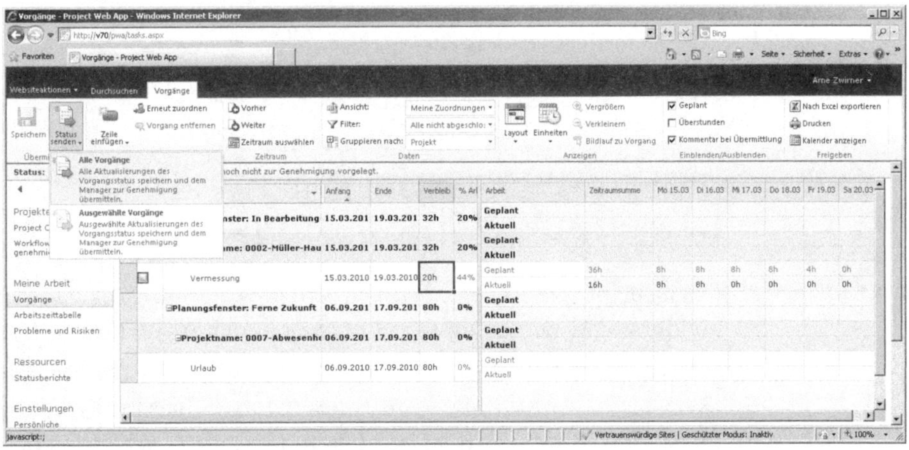

6. Senden Sie spätestens zum Ende der Woche die Aktualisierungen an Ihren Projektleiter, indem Sie auf die Schaltfläche *Status senden/Alle Vorgänge* klicken.

Abbildg. 2.26 Transaktionskommentar eingeben

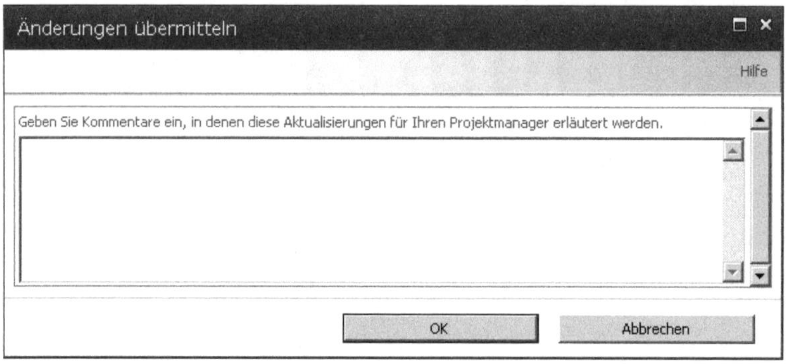

7. Geben Sie ggf. noch einen Kommentar ein und klicken Sie auf die Schaltfläche *OK.*

Abbildg. 2.27 Abgesendete Vorgangsaktualisierung

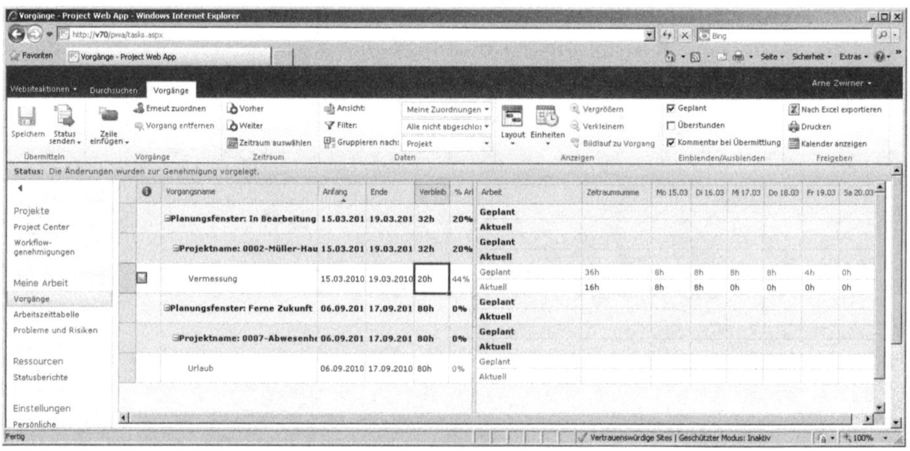

8. Es erscheint *Die Änderungen wurden zur Genehmigung vorgelegt* in der Statusmeldung und *Wartet auf Genehmigung* in der Spalte *Prozessstatus.*

Der Projektleiter bekommt nun eine E-Mail mit dem Betreff *Aktualisierte Zuordnungen wurden von Ressourcen übermittelt.* Er ist über den aktuellen Stand Ihres Ist- und Rest-Aufwands informiert und kann über die Bearbeitung der Vorgangsaktualisierung die Werte automatisch in den Projektplan übernehmen. Wann dies der Fall ist, können Sie an dieser Stelle nicht erkennen. Jedoch können Sie, wie nachfolgend beschrieben, ermitteln, ob der Projektleiter den Projektplan nach der Aktualisierung veröffentlicht hat oder Ihre Vorgangsaktualisierung abgelehnt hat.

Projektaktualisierung oder Ablehnung einer Statusmeldung bearbeiten

Den Status der Genehmigung oder Ablehnung Ihrer Rückmeldung können Sie im Bereich *Vorgänge* auf folgende Art und Weise ermitteln:

Abbildg. 2.28 Genehmigte und erneut veröffentlichte Rückmeldung

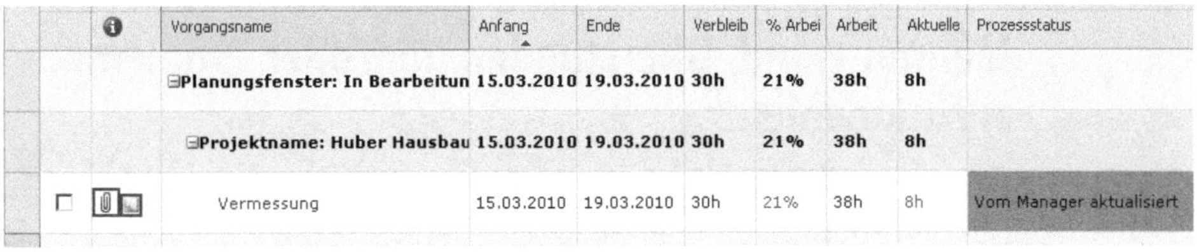

1. Wählen Sie in der Schnellstartleiste der Project Web App die Verknüpfung *Vorgänge.*
2. Führen Sie einen Bildlauf zur Spalte *Prozessstatus* aus.

Sobald der Projektleiter den Projektplan erneut veröffentlicht und sich durch die Rückmeldung eine Terminveränderung ergeben hat, wird der Vorgang mit einem Prozessstatus *Vom Manager aktualisiert* gekennzeichnet (siehe den Abschnitt »Terminänderungen bearbeiten« ab Seite 107).

Abbildg. 2.29 Abgelehnte Rückmeldung

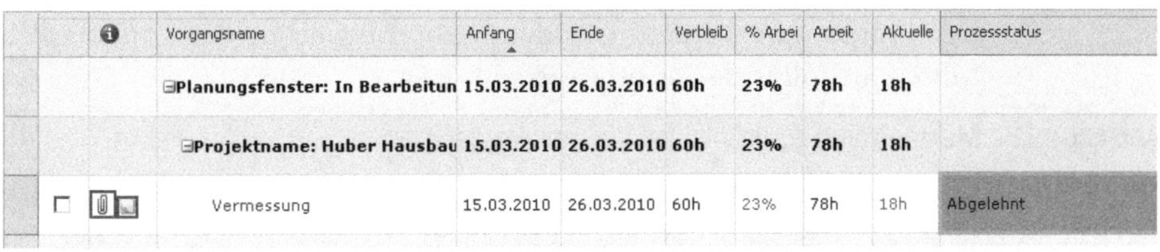

Falls der Projektleiter die Rückmeldung (Vorgangsaktualisierungsanfrage) ablehnt, wird dies mit einem Prozessstatus *Abgelehnt* gekennzeichnet. Sie erhalten zudem eine E-Mail mit dem Betreff *ABGELEHNT: Von <Projektleitername> wurde mindestens eine Zuordnungsaktualisierung für Projekt <Projektname> abgelehnt.*

Abbildg. 2.30 Kommentar zum Genehmigungsprozess

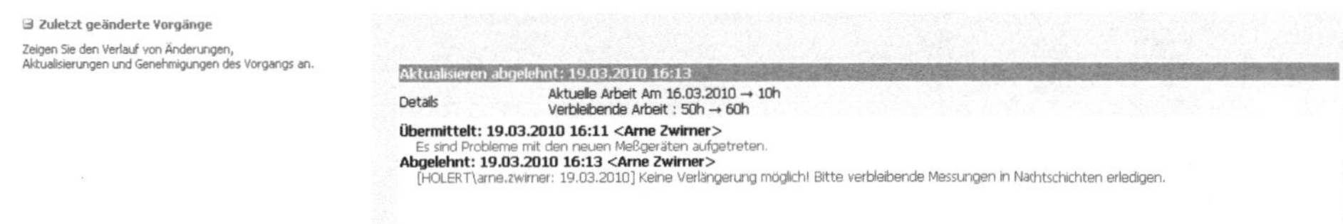

Einen etwaigen Kommentar des Projektleiters können Sie ablesen, indem Sie auf den Vorgangsnamen klicken und dann in der Ansicht *Details* einen Bildlauf zum Abschnitt *Zuletzt geänderte Vorgänge* durchführen.

HINWEIS Sofern Sie vor der Aktualisierung des Projektplans durch den Projektleiter noch Änderungen an den Arbeitswerten vornehmen, wird die bereits übermittelte Vorgangsaktualisierung nachträglich aktualisiert. Der Projektleiter übernimmt bei Aktualisierung dann ganz automatisch die neuesten Werte.

Mehraufwand, Überstunden und/oder Probleme zurückmelden

Für den Fall, dass Sie die Arbeit für einen Vorgang größer als vom Projektleiter vorgegeben einschätzen oder Sie offene Punkte (Probleme) zentral melden möchten, können Sie das sowohl über die Vorgangsliste als auch die Arbeitszeittabelle zurückmelden. Nachfolgend beschreiben wir die Rückmeldung von erhöhter Rest-Arbeit über die Vorgangsliste, die Erfassung eines Problems und die Rückmeldung von Überstunden nach einem separaten Kostensatz über die Arbeitszeittabelle.

Mehraufwand für Rest-Arbeit ohne Überstunden zurückmelden

Für den Fall, dass unerwartete Probleme auftreten und Sie die Rest-Arbeit höher einschätzen (Mehraufwand), als von Project im Feld *Verbleibende Arbeit* berechnet, sollten Sie den Projektleiter frühestmöglich hiervon in Kenntnis setzen. Die einzelnen Schritte können sowohl von der Vorgangsliste als auch von der Arbeitszeittabelle ausgeführt werden. Um den Mehraufwand in der Vorgangsliste zu erfassen, führen Sie folgende Schritte aus:

Abbildg. 2.31 Mehraufwand zurückmelden über die Vorgangsliste

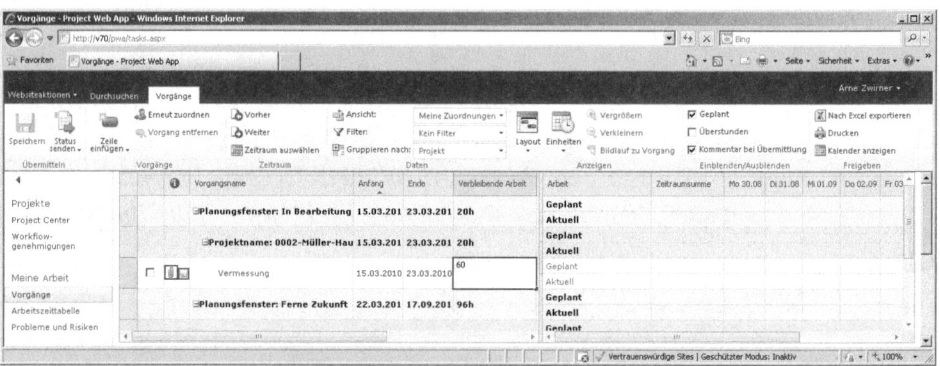

1. Tragen Sie in die Spalte *Verbleibende Arbeit* Ihren geschätzten Restwert ein. Beachten Sie, dass sich hierbei die (Gesamt-) Arbeit für diesen Vorgang entsprechend erhöhen kann (Abbildung 2.31).

BESSER IN 2010

Wenn sich die Gesamtarbeit für einen Vorgang durch Eingabe eines Werts für verbleibende Arbeit erhöht und Sie danach verbleibende Arbeit wieder zurücksetzen, verringert sich die Arbeit auch automatisch wieder. Die Arbeit entspricht immer der Summe von aktueller Arbeit und verbleibender Arbeit.

2. Fügen Sie ggf. eine Notiz ein, wie im Abschnitt »Terminänderungen bearbeiten« ab Seite 107 beschrieben, und begründen Sie, weshalb Sie die Rest-Arbeit höher einschätzen. Nennen Sie nicht nur Erschwernisse, Probleme oder Risiken, die bereits aufgetreten sind, sondern auch diejenigen Faktoren, die Ihrer Ansicht nach höchstwahrscheinlich auftreten werden.
3. Senden Sie die Aktualisierung an den Projektleiter, damit er ggf. Folgemaßnahmen einleiten kann. Aktiveren Sie das Kontrollkästchen vor dem Vorgangsnamen und klicken Sie in der Gruppe *Übermitteln* auf *Status senden/Ausgewählte Vorgänge*.

HINWEIS Wenn Sie den Aufwand höher schätzen, berechnet Project den Vorgang entsprechend der höheren Rest-Arbeit entsprechend der Vorgangseinstellungen und -abhängigkeiten neu. D.h. nachfolgende Vorgänge verschieben sich ggf. entsprechend. Nur der Projektleiter kann die Rest-Arbeit in den Einsatzeinsichten exakt, z.B. tagesgenau, verteilen. Eine Fortschreibungsoption gibt es nicht.

Wenn Sie durch längere Arbeit an einzelnen Tagen die *Mehrarbeit* auffangen möchten, geben Sie keinen erhöhten Rest-Aufwand im Feld *Verbleibende Arbeit* ein, da sich sonst die nachfolgenden Vorgänge unnötigerweise verschieben würden. Geben Sie stattdessen an den entsprechenden Tagen für die Ist-Arbeit im Feld *Akt. Arbeit* eine entsprechend höhere Arbeit ein und passen Sie danach entsprechend die Rest-Arbeit an.

BESSER IN 2010 Bei der Berechnung von Enddatum, Arbeit und Dauer wird bereits bei der Erfassung neuer Daten die Vorgangsart berücksichtigt. Somit wird sich beispielsweise die verbleibende Arbeit automatisch innerhalb der zur Verfügung stehenden Dauer neu verteilen, wenn die Vorgangsart *Feste Dauer* gewählt wurde.

Probleme zurückmelden

Wenn Sie sicherstellen möchten, dass ein offener Punkt (Problem) durch den Projektleiter weiter verfolgt wird, fügen Sie diesen in der Problemliste des betreffenden Projekts als ein neues Problem ein und verknüpfen Sie es mit dem Vorgang. Eine solche Liste wird auch oft als *Liste offener Punkte* bezeichnet. Führen Sie hierzu folgende Schritte aus:

1. Klicken Sie in der Vorgangsliste oder der Arbeitszeittabelle auf den Namen des entsprechenden Vorgangs.
2. Führen Sie einen Bildlauf zum Abschnitt *Anlagen* durch.

Abbildg. 2.32 Anlagen zum Vorgang anzeigen

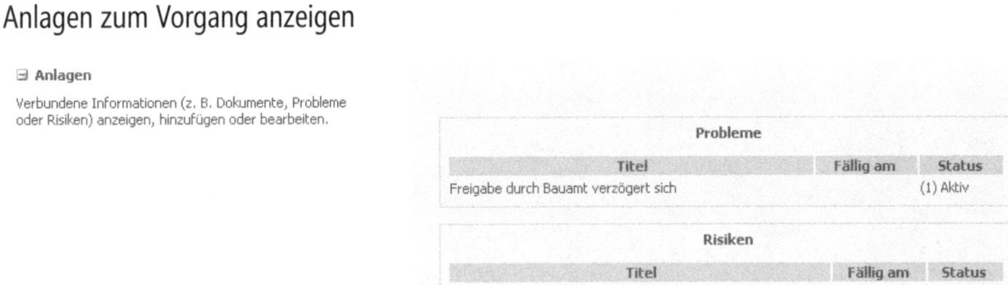

3. Klicken Sie auf die Verknüpfung *Probleme*.

Abbildg. 2.33 Offenen Punkt mit Vorgang verknüpfen

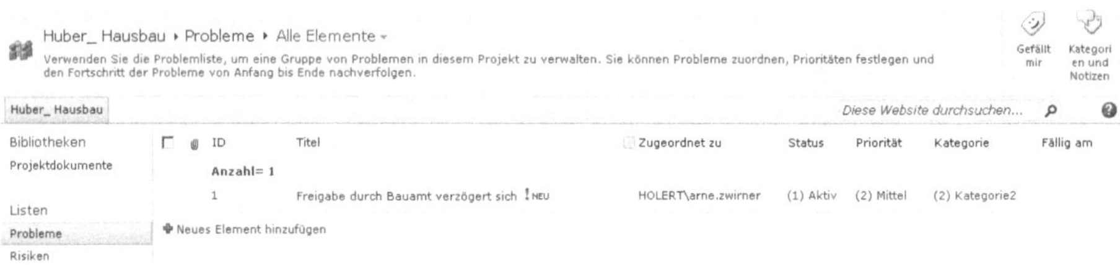

4. Klicken Sie auf der folgenden Seite auf die Verknüpfung *Neues Element hinzufügen* (Abbildung 2.33).

Abbildg. 2.34 Neuen offenen Punkt erstellen

5. Füllen Sie auf der folgenden Seite die Felder *Titel*, *Besitzer*, *Zugeordnet an*, *Status*, *Kategorie*, *Priorität*, *Fällig am* und *Diskussion* aus (Abbildung 2.34).
6. Klicken Sie dann auf die Registerkarte *Benutzerdefinierte Befehle* und darin auf *Elemente verknüpfen*.

Abbildg. 2.35 Beziehung des offenen Punkts zum Vorgang festlegen

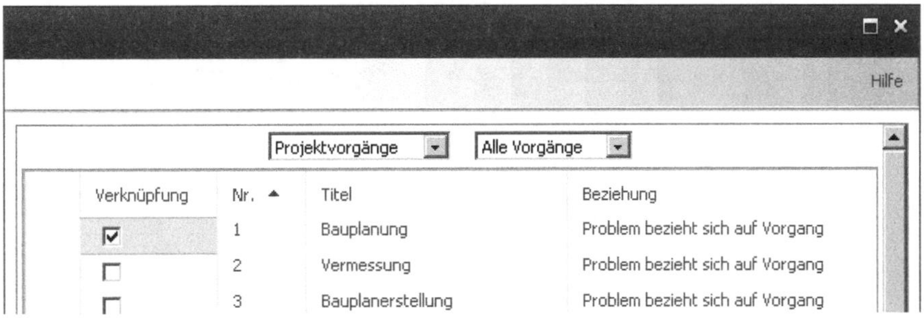

7. Aktivieren Sie das Kontrollkästchen vor dem entsprechenden Vorgang, und passen Sie ggf. die Beziehung in der gleichnamigen Spalte an. Klicken Sie danach auf die Schaltfläche *OK*, um dieses Dialogfeld zu schließen.
8. Wechseln Sie zurück zur Registerkarte *Bearbeiten* und klicken Sie hier in der Gruppe *Commit ausführen* auf *Speichern*, um die Eingabe des Problems abzuschließen.
9. Aktualisieren Sie die Ansicht im Bereich *Vorgänge.*

In der Indikatorspalte können Sie jetzt am Büroklammersymbol erkennen, dass mit dem Vorgang Elemente verknüpft sind (siehe den Abschnitt »Vorgang für aktuellen Tag ermitteln« ab Seite 106).

Mehraufwand für Ist-Arbeit mit Überstunden zurückmelden

Grundsätzlich können Sie bereits angefallenen Mehraufwand in der Zeile *Aktuell* erfassen, hierbei wird der Mehraufwand nicht gesondert ausgewiesen und u.a. entsprechend Ihres Standardkostensatzes in Project berechnet. Sofern der Mehraufwand gesondert ausgewiesen werden soll, erfassen Sie diesen als Überstunden in der Project Web App. Sie können Überstunden sowohl in der Vorgangsliste als auch in der Arbeitszeittabelle erfassen. Um die Überstunden in der Arbeitszeittabelle zu erfassen, gehen Sie folgendermaßen vor:

1. Wechseln Sie in den Bereich *Meine Arbeit/Arbeitszeittabelle.*
2. Aktivieren Sie das Kontrollkästchen *Überstunden* in der Gruppe *Einblenden/ Ausblenden.*
3. Geben Sie in der Zeile *Überstunden* zu den jeweiligen Tagen und Vorgängen den entsprechenden Arbeitswert ein.

Abbildg. 2.36 Überstunden eingeben

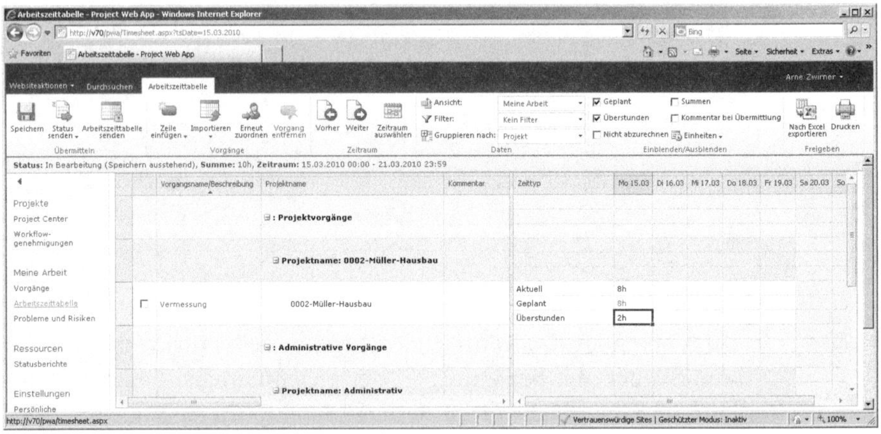

Beachten Sie, dass durch die Überstunden ggf. auch die Projektkosten entsprechend Ihres *Überstundensatzes* steigen. Überstunden werden nach Neuberechnung der Arbeitszeittabelle der (berechneten) Arbeit (Zeile Geplant) hinzugerechnet und in Project im Feld *Aktuelle Überstundenarbeit* auf Vorgangs- und Zuweisungsebene kumuliert (Zeile *Überstunden*).

TIPP Wenn Sie keine Überstunden berechnen können, aber dennoch die Mehrarbeit protokollieren möchten, bitten Sie den Ressourcen-Manager den Überstundenkostensatz auf 0 € festzulegen. Auf diese Art und Weise bleiben auch bei Mehrarbeit die Projektkosten konstant.

Minderaufwand für Rest-Arbeit zurückmelden

Schätzen Sie die *Rest-Arbeit* geringer als den berechneten Wert ein (Minderaufwand), gehen Sie folgendermaßen vor, um dies dem Projektleiter mitzuteilen:

1. Wechseln Sie in die Vorgangsliste oder Arbeitszeittabelle.
2. Reduzieren Sie entsprechend den Arbeitswert im Feld *Verbleibende Arbeit.*
3. Senden Sie die Änderung an den Projektleiter, indem Sie auf die Schaltfläche *Status senden/Alle Vorgänge* klicken.

Beachten Sie, dass auch in diesem Fall die Arbeit neu berechnet wird und sich ggf. nachfolgend verknüpfte Vorgänge verschieben.

Verzögerten Anfang, Unterbrechungen der Arbeit und Rest-Arbeiten zurückmelden

Im Projektverlauf kann es dazu kommen, dass Sie Ihre Arbeit nur abweichend von der Planung des Projektleiters ausführen können. Nachfolgend beschreiben wir, wie Sie einen verzögerten Anfang mit Unterbrechung und einen neuen Vorgang für Rest-Arbeiten zurückmelden können.

Verzögerten Anfang und Unterbrechungen zurückmelden

Wenn erkennbar ist, dass Sie einen Vorgang nur verspätet beginnen können (Verzögerten Anfang) oder einen bereits begonnenen Vorgang entgegen den Vorgaben unterbrechen müssen, gehen Sie folgendermaßen vor, um dies an Ihren Projektleiter zurückzumelden:

Abbildg. 2.37 Anfangsdatum des Vorgangs ändern

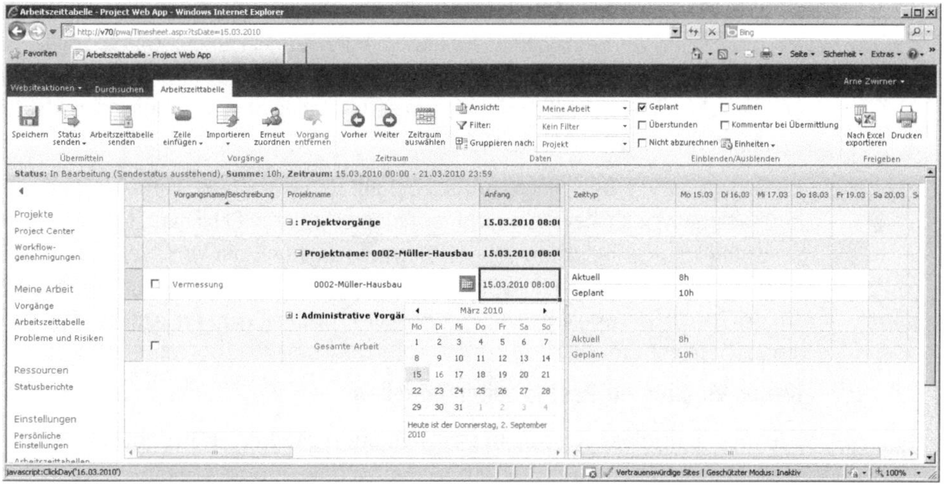

1. Falls der Vorgang noch nicht begonnen hat, ändern Sie das Anfangsdatum im Feld *Anfang*.

ACHTUNG Ändern Sie nur das Anfangsdatum, wenn auf den Vorgang noch keine *Aktuelle Arbeit* gebucht wurde, da sich andernfalls auch diese verschieben würde.

Abbildg. 2.38 Verzögerter Vorgang mit Unterbrechung

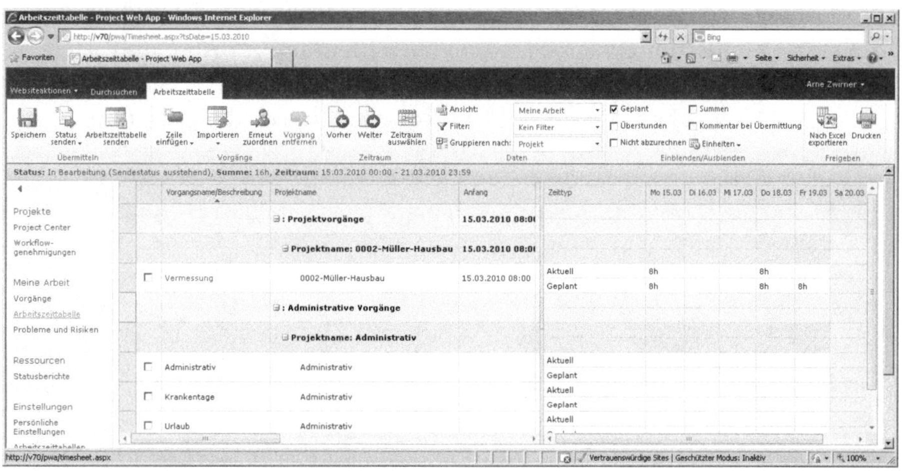

2. Falls Sie bereits am Vorgang gearbeitet haben, tragen Sie genau an den Tagen in der Zeile *Aktuell* den Ist-Aufwand ein, an denen Sie tatsächlich gearbeitet haben (Abbildung 2.38).
3. Senden Sie die Rückmeldung ggf. inklusive eines Kommentars an den Projektleiter, indem Sie den Vorgang markieren und auf die Schaltfläche *Status senden/ Ausgewählte Vorgänge* klicken.

HINWEIS Beachten Sie, dass Sie möglicherweise die Rest-Arbeiten jetzt an Tagen durchführen müssen, an denen Sie bereits für andere Vorgänge eingeplant waren. Sobald Sie dem Projektleiter die aktuellen Werte schicken, erkennt er anhand der Daten, was mit Folgevorgängen passiert und berechnet und verteilt die Arbeit unter Umständen neu (siehe auch den Abschnitt »Terminänderungen bearbeiten« ab Seite 107).

Behandeln Sie die berechneten Arbeitszeiten als verbindliche Vorgaben und wägen Sie Handlungsalternativen ab, bevor Sie nicht termingerechte Arbeit abliefern. Mögliche Handlungsalternativen sind z.B. die Reduktion des Leistungsumfangs und die Verschiebung der Rest-Arbeiten auf einen späteren Termin, an dem Sie oder eine andere Ressource wieder frei verfügbar ist. Stimmen Sie sich hierzu im Vorfeld persönlich oder per E-Mail mit dem Projektleiter ab.

Neuen Vorgang für Rest-Arbeiten erstellen

Für den Fall, dass Rest-Arbeiten bestehen bleiben, können Sie direkt von der Project Web App aus einen neuen Vorgang bzw. einen Vorschlag für einen neuen Vorgang erstellen.

Wenn diese Rest-Arbeiten den Fortgang des Projekts einschränken, beispielsweise Nachfolger haben, sollten Sie dies mit dem Projektleiter besprechen und den neuen Vorgang von ihm anlegen lassen. Falls das nicht der Fall ist, können Sie einen Vorgangsvorschlag in der Vorgangsliste und Arbeitszeittabelle erstellen. Um das in der Arbeitszeittabelle umzusetzen, führen Sie folgende Schritte aus:

1. Wählen Sie in der Schnellstartleiste *Meine Arbeit/Arbeitszeittabelle* aus.
2. Schätzen Sie den Aufwand für die Rest-Arbeiten und ermitteln Sie einen freien Termin entsprechend der Beschreibung im Abschnitt »Terminüberschneidungen feststellen« ab Seite 101. Achten Sie darauf, dass Sie nicht versehentlich ein Wochenende auswählen. Notieren Sie sich dieses Datum.

Abbildg. 2.39 Neuen Vorgang für Rest-Arbeiten erstellen

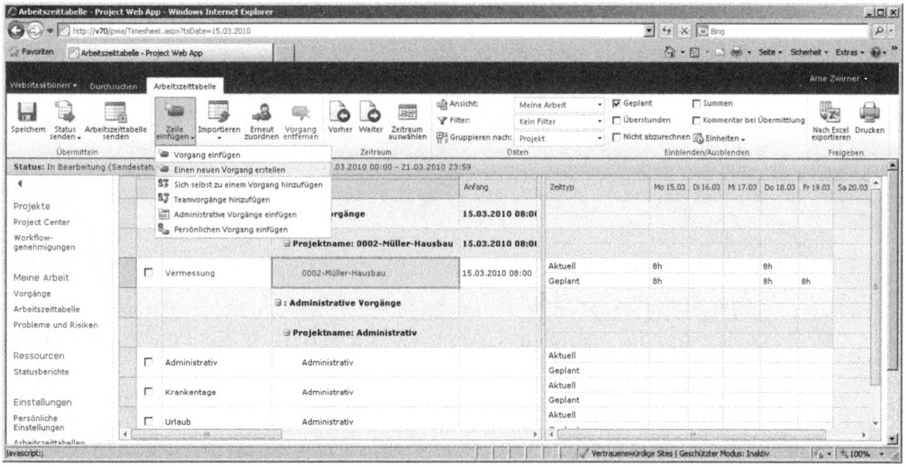

3. Klicken Sie in der Gruppe *Vorgänge* auf *Zeile einfügen* und dann auf *Einen neuen Vorgang erstellen* (siehe Abbildung 2.39).

Abbildg. 2.40 Erstellung des neuen Vorgangs als Teilvorgang für die entsprechende Projektphase (unter einem Sammelvorgang)

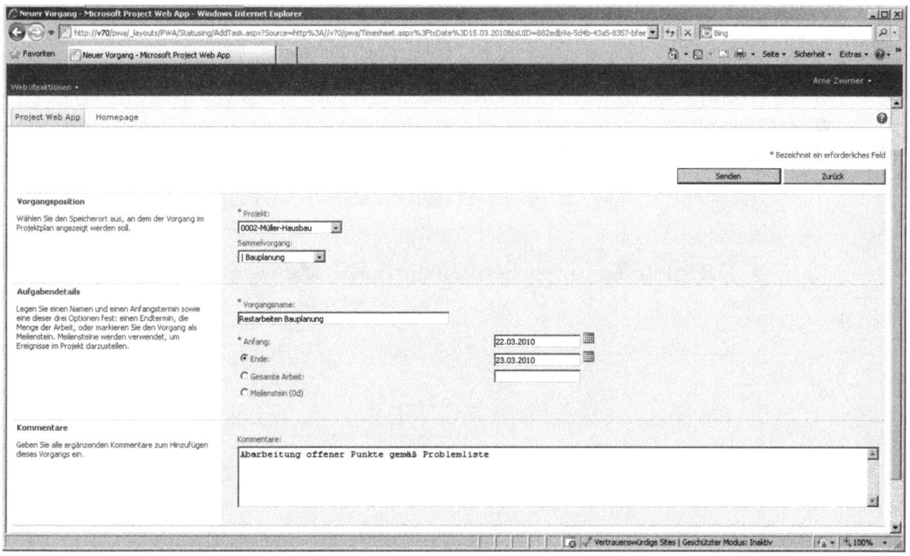

4. Wählen Sie im Bereich *Vorgangsposition* im Feld *Projekt* das zugehörige Projekt aus und im Feld *Sammelvorgang* den Sammelvorgang der entsprechenden Projektphase, sofern inhaltlich sinnvoll (Abbildung 2.40).

HINWEIS Wenn die Rest-Arbeiten nicht innerhalb der Phase durchgeführt werden sollen, können Sie auch einen Vorgang auf höchster Ebene erstellen. Der Projektleiter kann im Nachgang auch einen neuen Sammelvorgang erstellen und den Vorgang entsprechend einordnen.

5. Geben Sie im Bereich *Aufgabendetails* einen aussagekräftigen Namen für den Vorgang im Feld *Vorgangsname* ein.
6. Geben Sie im gleichen Bereich den zuvor ermittelten Anfangstermin im Feld *Anfang* ein.
7. Ermitteln Sie den Endtermin, indem Sie die Kalendertage entsprechend des zuvor geschätzten Aufwands ermitteln. Geben Sie dann den Endzeitpunkt im Feld *Ende* und einen Wert für die Arbeit in das Feld *Geplante Arbeit* ein.

HINWEIS Project verteilt den Aufwand nicht anhand des Ressourcenkalenders, d.h. der Endtermin muss so bemessen sein, dass in dem Zeitraum die Arbeitstage den geschätzten Aufwand widerspiegeln. Die Zuordnung erfolgt mit 100 %, d.h. die maximalen Einheiten der Ressource werden nicht beachtet.

8. Ergänzen Sie, falls sinnvoll, noch einen Kommentar.

9. Markieren Sie den Vorgang und klicken Sie auf die Schaltfläche *Status senden/ Ausgewählte Vorgänge.*

Der Projektleiter erhält jetzt eine E-Mail mit dem Betreff *ÜBERMITTELT: Neue Vorgangsanfrage in Projekt <Projektname> von <Projektmitarbeiter>* mit der Aufforderung, die Anfrage anzunehmen oder abzulehnen.

Abbildg. 2.41 Neuer Vorgang in der Arbeitszeittabelle

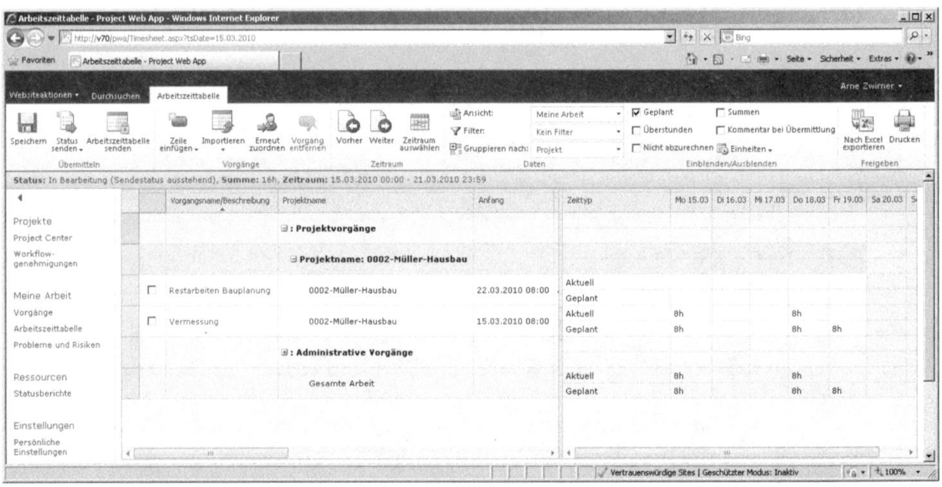

Der Vorgang wird im Bereich *Eigene Arbeit/Vorgänge* mit dem Prozessstatus *Wartet auf Genehmigung* dargestellt. Sie können nicht erkennen, dass Sie diesen Vorgang selbst erstellt haben und nur anhand des Prozessstatus prüfen, ob der Projektleiter diesen bereits genehmigt hat.

Das Erstellen neuer Vorgänge für Sonderprojekte, wie z.B. Urlaub oder Krankheit, entspricht einem Urlaubsantrag bzw. einer Krankheitsmeldung. Mehr dazu im Abschnitt »Abwesenheit durch Urlaub, Krankheit oder andere nicht projektbezogene Tätigkeiten zurückmelden« ab Seite 131.

Vertretung zurückmelden

Für den Fall, dass Sie nicht in der Lage sind, eine Aufgabe wahrzunehmen, können Sie dem Projektleiter für Vorgänge eine Vertretung vorschlagen (Vorgangsdelegierung). Sie können eine Vorgangsdelegierung sowohl im Bereich Vorgänge als auch in der Arbeitszeittabelle ausführen. In der Arbeitszeittabelle gehen Sie dazu folgendermaßen vor:

Abbildg. 2.42 Vorgangsdelegierung aufrufen

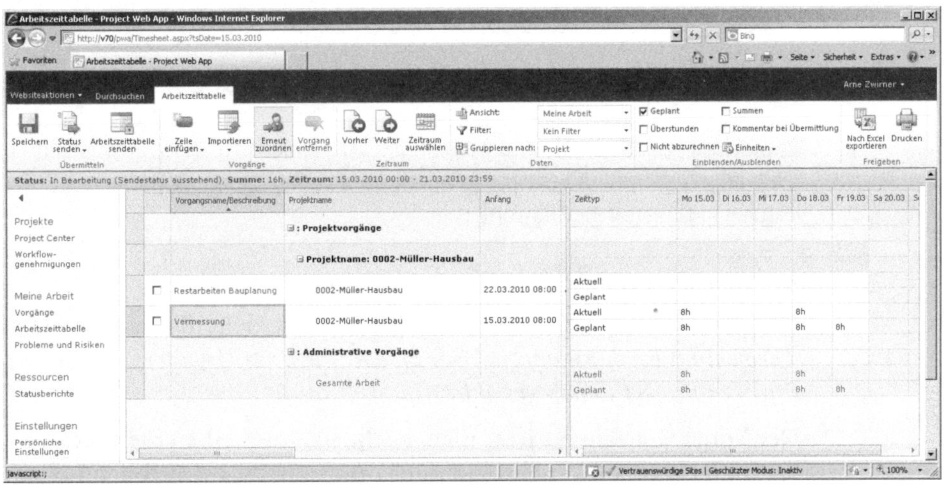

1. Klicken Sie in der Schnellstartleiste auf *Meine Arbeit/Arbeitszeittabelle.*
2. Markieren Sie den zu delegierenden Vorgang, indem Sie die entsprechende Zeile in der Arbeitszeittabelle selektieren. Klicken Sie anschließend auf Schaltfläche *Erneut zuordnen* in der Gruppe *Vorgänge.*

Abbildg. 2.43 Vorgang delegieren

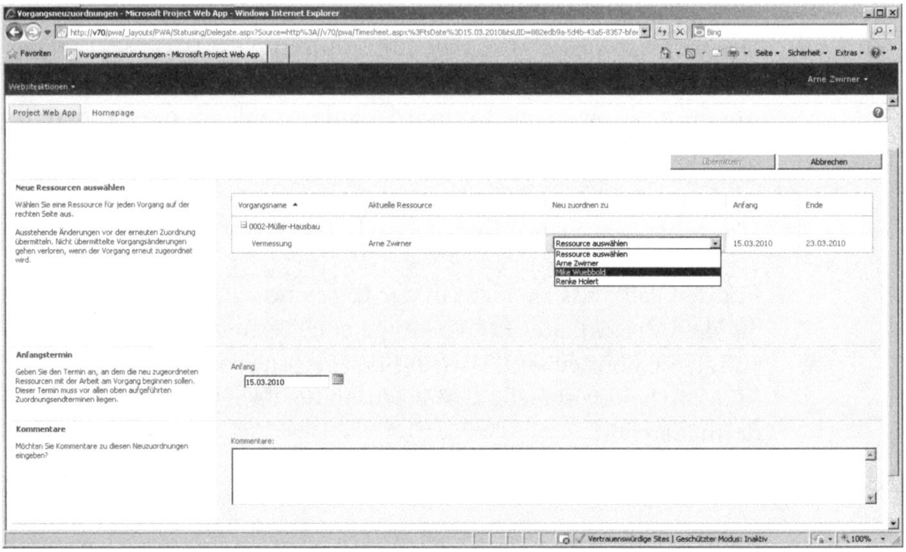

3. Wählen Sie im Feld *Neu zuordnen zu* die neue Ressource für den Vorgang aus.

HINWEIS An dieser Stelle werden alle veröffentlichten Arbeitsressourcen aus dem Projektteam angezeigt, d.h. die entsprechende Ressource muss zum Projektteam gehören und der Projektplan muss veröffentlicht worden sein.

4. Klicken Sie auf die Schaltfläche *Übermitteln*.

Der Projektleiter bekommt eine E-Mail mit dem Betreff *ÜBERMITTELT: Von <Projektmitarbeitername> wurde eine Anfrage zur erneuten Zuordnung von Arbeit in Projekt <Projektname> gesendet.*

Der Vorgang erscheint jetzt nicht mehr in Ihrer Arbeitszeittabelle bzw. Vorgangsliste, u.U. beispielsweise, wenn der Vorgang bereits von Ihnen bebucht wurde verbleibt der Vorgang mit dem Status abgeschlossen in der Liste Ihrer Zuweisungen.

Wenn der Projektleiter die Delegierungsanfrage genehmigt und den Projektplan veröffentlicht hat, steht der Vorgang im Bereich *Meine Arbeit* der neuen Ressource. Sofern der Projektleiter der Delegierung nicht zustimmt, bekommen Sie eine gesonderte Nachricht per E-Mail und sehen den Vorgang einschließlich der verbleibenden Arbeit auch wieder in Ihrer Vorgangsliste und Arbeitszeittabelle.

Als Stellvertreter agieren

Wenn Sie für eine andere Person als Stellvertreter eingerichtet wurden, können Sie unter *Persönliche Einstellungen/Als Stellvertretung agieren* eine Stellvertretungssitzung starten und in dieser Sitzung alle Funktionen und Berechtigungen der anderen Person verwenden.

Stellvertreter einrichten

Für den Fall, dass Sie einen Stellvertreter für Ihr Konto für einen bestimmten Zeitraum einrichten möchten, klicken Sie auf *Persönliche Einstellungen/Stellvertretungen verwalten* und geben mit der Schaltfläche *Neu* einen neuen Zeitraum und Benutzer an, der für diesen Zeitraum Ihre Aufgaben übernehmen soll.

Abwesenheit durch Urlaub, Krankheit oder andere nicht projektbezogene Tätigkeiten zurückmelden

Um dem Projekt- bzw. Ressourcen-Manager ein, aussagekräftiges Ressourcenmanagement zu erlauben, ist es erforderlich, neben der Projektarbeit auch alle anderen Zeiten zu erfassen. Hierzu gehören Abwesenheitszeiten wie Urlaub, Krankheit, Weiterbildung, Besprechungen und andere nicht projektbezogene Tätigkeiten.

Um diese Zeiten zurückzumelden, erstellen Sie im Abwesenheitsprojekt einen entsprechenden Vorgang und senden Sie diesen dem Projektleiter zur Übernahme in den Projektplan zu, wie im Abschnitt »Neuen Vorgang für Rest-Arbeiten erstellen« ab Seite 126 dargestellt. Ein Urlaubsantrag entspricht dann beispielsweise dem Erstellen eines Vorgangs »Urlaub« im Abwesenheitsprojekt.

HINWEIS Abwesenheitszeiten und andere nicht projektbezogene Zeiten kann man über administrative Zeiten oder Sonderprojekte abbilden. Der von uns empfohlene Weg ist es, für Abwesenheitszeiten ein spezielles Projekt pro Jahr anzulegen (Linien-, Verwaltungs- oder Sonderprojekt). Es kann z.B. den Namen »Abwesenheiten2010« haben.[1]

Arbeitszeittabelle an Ressourcen-Manager absenden und nachträglich korrigieren

Die bis hierher beschriebene Kommunikation ist nur auf den Projektleiter ausgerichtet, damit dieser zeitnah Kenntnis über den aktuellen Status Ihrer Arbeiten bekommt. Neben dem Projektleiter erwartet jedoch auch der Ressourcen-Manager am Ende einer Abrechnungsperiode einen genauen Tätigkeitsnachweis (Arbeitszeittabelle). Sofern nach der Übermittlung der Arbeitszeittabelle Fehler korrigiert werden müssen, ist ein Rückruf der Arbeitszeittabelle erforderlich.

Arbeitszeittabelle absenden

Um die Arbeitszeittabelle an den Ressourcen-Manager (Arbeitszeittabellen-Manager) zu senden, führen Sie folgende Schritte aus:

[1] Eine Beschreibung mit den genauen Unterschieden sowie Vor- und Nachteilen von Sonderprojekten gegenüber Administrativen Zeiten finden Sie im Profibuch (Holert 2011, S. 461-462)

1. Wählen Sie in der Schnellstartleiste der Project Web App die Verknüpfung *Arbeitszeittabelle.*

2. Rufen Sie in der Gruppe *Übermitteln* den Befehl *Arbeitszeittabelle senden* auf.
3. Bestätigen Sie das Dialogfeld *Arbeitszeittabelle senden* mit einem Klick auf die Schaltfläche *OK*.

Durch das Absenden der Arbeitszeittabelle wird diese für Ihre Eingaben gesperrt. Um etwaige Eingabefehler, die man selbst oder der Arbeitszeittabellen-Manager erkannt hat, zu korrigieren, muss die Arbeitszeittabelle zurückgerufen werden.

Arbeitszeittabelle zurückrufen

Um die Arbeitszeittabelle zurückzurufen, führen Sie folgende Schritte aus:

1. Klicken Sie in der Schnellstartleiste der Project Web App im Bereich *Einstellungen* auf die Verknüpfung *Arbeitszeittabellen verwalten.*

Abbildg. 2.44 Arbeitszeittabellen verwalten

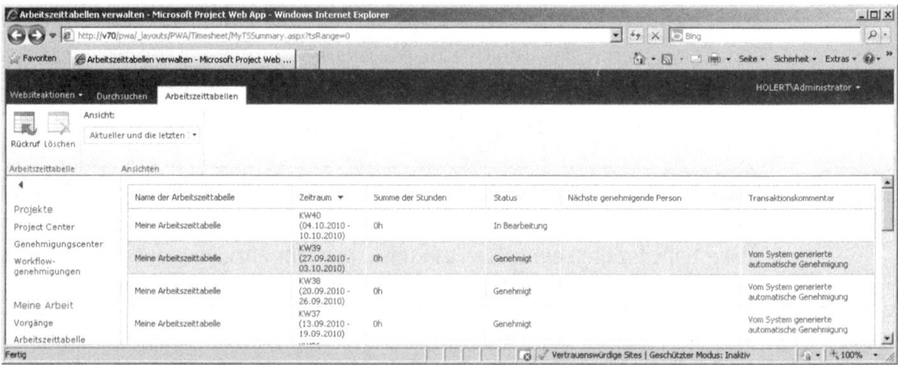

2. Markieren Sie die Zeile der Arbeitszeittabelle, die Sie zurückrufen möchten.

3. Klicken Sie in der Gruppe *Arbeitszeittabelle* auf den Befehl *Rückruf.*
4. Bestätigen Sie das folgende Dialogfeld mit *OK*.
5. Klicken Sie in der Spalte *Name* der Arbeitszeittabelle auf den als Hyperlink hinterlegten Namen.
6. Passen Sie die Werte an und senden Sie die Arbeitszeittabelle wie zuvor beschrieben ab.

HINWEIS Die Arbeitszeittabelle kann nur so lange zurückgerufen werden, solange die Abrechnungsperiode nicht geschlossen wurde.

Abschließende Prozesse

Im Rahmen der Abschlussprozessgruppe führen Sie folgende Aufgaben aus:

- Vorgänge formell abschließen
- Dokumentation abschließen

Vorgänge formell abschließen

Um sicherzustellen, dass alle Vorgänge formell abgeschlossen sind, führen Sie die im Folgenden beschriebenen Schritte aus. Sie können diese sowohl in Ihrer Arbeitszeittabelle als auch in Ihrer Vorgangsliste erledigen. Da eine Arbeitszeittabelle standardmäßig aber nur Vorgänge mit geplanter Arbeit im aktuellen Zeitraum enthält, empfehlen wir für diesen Schritt die Verwendung der Vorgangsliste. Gehen Sie hierzu folgendermaßen vor:

Abbildg. 2.45 Vorgang als abgeschlossen markieren

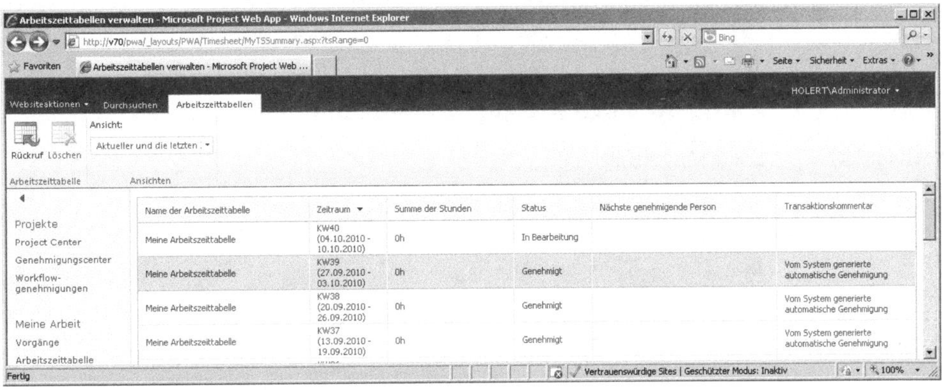

1. Setzen Sie den Rest-Aufwand auf Null, indem Sie diesen Zahlenwert in das Feld *Verbleibende Arbeit* eintragen (Abbildung 2.45).

2. Markieren Sie alle geänderten Vorgänge und senden Sie diese Nachricht per Klick auf die Schaltfläche *Status senden/Ausgewählte Vorgänge* an den Projektleiter.
3. Fügen Sie ggf. noch einen Kommentar ein und bestätigen Sie mit der Schaltfläche *OK*.

Sie erkennen anhand des Werts *100%* in der Spalte *% Arbeit abgeschlossen*, dass der Vorgang abgeschlossen wurde.

HINWEIS Wenn als Überwachungsmethode *Prozent Arbeit abgeschlossen* für dieses Projekt festgelegt wurde, können Sie auch im Feld *% Arbeit abgeschlossen* den Prozentsatz auf 100 % setzen. Beachten Sie, dass hierbei auch implizit der Ist-Aufwand zurückgemeldet wird. Der Ist-Aufwand (*Aktuelle Arbeit*) wird in diesem Fall anhand der berechneten Arbeit ermittelt (siehe Kapitel 1).

Dokumentation abschließen

Überprüfen Sie am Ende, ob Sie die Projektdokumentation auf den aktuellen Stand gebracht haben. Gehen Sie hierzu folgendermaßen vor:

1. Klicken Sie in der Indikatorspalte vor dem Vorgang auf das *Anlagen*-Symbol.

Abbildg. 2.46 Vorgangsdokumente aufrufen

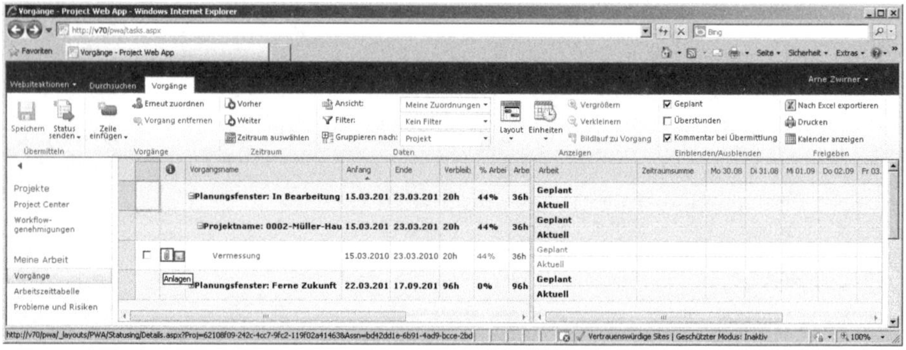

2. Führen Sie einen Bildlauf zum Abschnitt *Anlagen* durch.

Abbildg. 2.47 Dokument auswählen

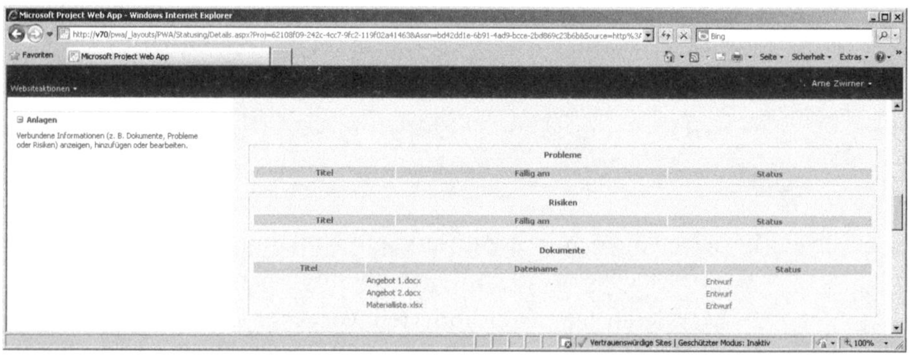

3. Klicken Sie auf den Namen eines zu bearbeitenden Dokuments (weiter mit Schritt 8) oder, wenn Sie mehrere Operationen durchführen oder neue Dokumente hochladen möchten, auf die Überschrift *Dokumente.*
4. Klicken Sie auf den Namen der gewünschten Dokumentbibliothek, ggf. des Unterordners und selektieren dann das Dokument.

Abbildg. 2.48 Dokumenteigenschaften bearbeiten

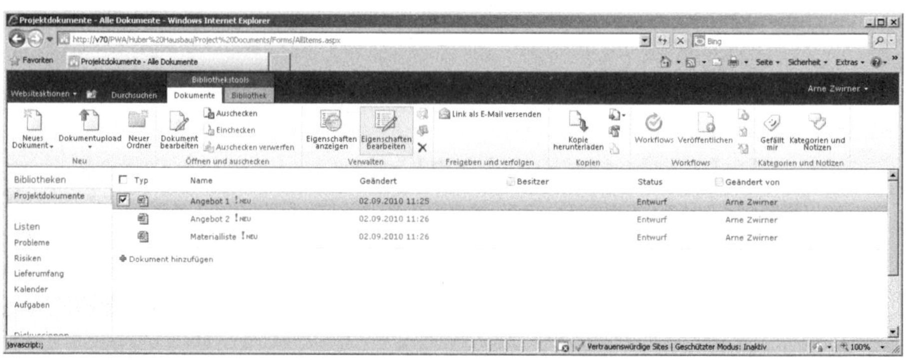

5. Klicken Sie in der Benutzergruppe *Verwalten* auf die Schaltfläche *Eigenschaften bearbeiten.*

Abbildg. 2.49 Dokumenteigenschaften bearbeiten

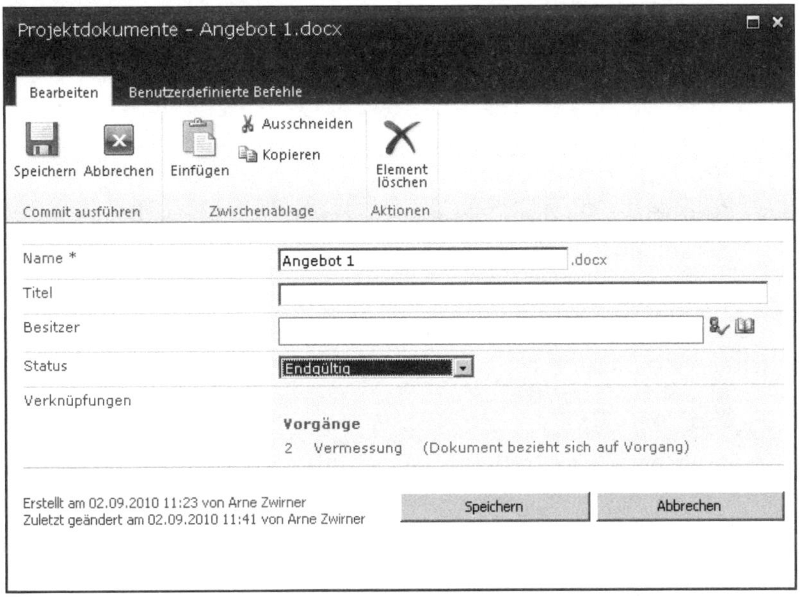

6. Klicken Sie zum Abschluss Ihrer Änderungen auf die Schaltfläche *Speichern.*

Abbildg. 2.50 Dokument bearbeiten

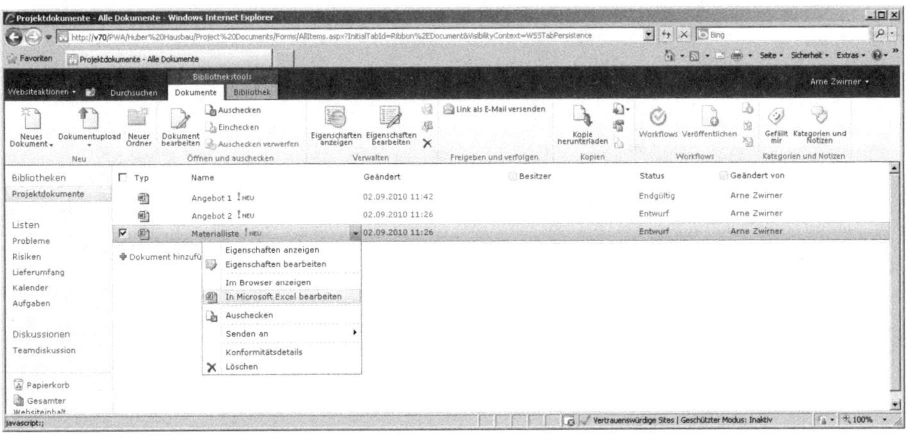

7. Klicken Sie auf das Dokument und wählen Sie für eine Excel-Arbeitsmappe beispielsweise im Dropdownlistenfeld den Menüeintrag *In Microsoft Excel bearbeiten* aus, um das Dokument in Microsoft Excel zu bearbeiten.

Abbildg. 2.51 Hinweis auf Bearbeitungsschutz im lokalen Programm

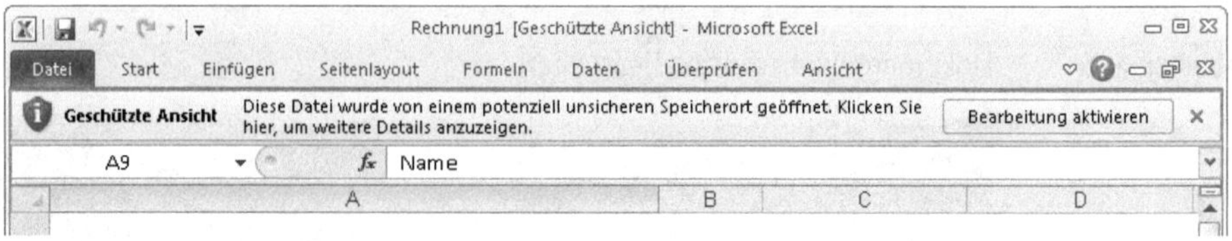

8. Sollte die oben dargestellte Warnung erscheinen, klicken Sie auf die Schaltfläche *Bearbeitung aktivieren.*
9. Bearbeiten Sie das Dokument. Speichern und schließen Sie es danach. Passen Sie ggf. noch die Dokumenteigenschaften, wie in Schritt 5 dargestellt, an.

Mit dem Überarbeiten der Projektdokumentation haben Sie die Grundlage für einen erfolgreichen Projektabschluss gelegt und eine Wissensbasis für neue Projekte geschaffen.

Literaturverzeichnis

Baetge, Jörg (1992): Überwachung, in: Bitz, Michael/Dellmann, Klaus/Domsch, Michel/Egner, Henning (Hrsg.): Vahlens Kompendium der Betriebswirtschaftslehre, Bd. 2, 3. Aufl., München, S. 175-218

Coenenberg, Adolf (1999): Kostenrechnung und Kostenanalyse, 4. akt. Aufl., Landsberg/Lech

Dellmann, Klaus (1992): Kosten- und Leistungsrechnung, in: Bitz, Michael/Dellmann, Klaus/Domsch, Michel/Egner, Henning (Hrsg.): Vahlens Kompendium der Betriebswirtschaftslehre, Bd. 2, 3. Aufl., München, S. 315-404

Dreyer, Andreas/Lesser, Christoph/Scheder, Joachim (2010): Wie Sie Ihren Unternehmensalltag effektiver gestalten, Unterschleißheim

Fiedler, Rudolf (2005): Controlling von Projekten. Projektplanung, Projektsteuerung und Projektkontrolle, 3. Aufl., Wiesbaden

Lomnitz, Gero (2001): Multiprojektmanagement, Projekte planen, vernetzen und steuern, München

GPM/RKW (2001): Projektmanagement-Fachmann, 6. Auflage, Eschborn

Hilb, Martin (2003): Integriertes Personal-Management. Ziele – Strategien – Instrumente, Neuwied/St. Gallen

Hirschsteiner, Günter (2002): Einkaufs- und Beschaffungsmanagement, Ludwigshafen

Hirzel, Matthias/Kühn, Frank/Wollmann, Peter (2002): Multiprojektmanagement. Strategische und operative Steuerung von Projekteportfolios, Frankfurt

HOAI (2002): Verordnung über die Honorare für Leistungen der Architekten und Ingenieure: Honorarordnung für Architekten und Ingenieure, 5. Auflage, Stuttgart/Berlin/Köln

Holert, Renke (2011): Microsoft Project 2010 – Das Profibuch: Projektmanagement mit Project und Project Server für Projektleiter, -mitarbeiter und alle anderen Beteiligten, Unterschleißheim

Lachnit, Laurenz (1994): Controllingkonzeption für Unternehmen mit Projektleistungstätigkeit. Modell zur systemgestützten Unternehmensführung bei auftragsbezogener Einzelfertigung, Großanlagenbau und Dienstleistungsgroßaufträgen, München

Michel, Reiner (1993): Taschenbuch Projektcontrolling. Know-how der Just-in-time-Steuerung, Heidelberg

OPM3 (2008): Project Management Institute, Organizational project management maturity model (OPM3) Knowledge Foundation – 2nd Edition, Newtown Square, Pennsylvania, USA

PMBOK D (2008): Project Management Institute, A guide to the project management body of knowledge: PMBOK® guide – Vierte Ausgabe, Newtown Square, Pennsylvania, USA

PMBOK (2008): Project Management Institute, A guide to the project management body of knowledge: PMBOK® Guide – Fourth edition, Newtown Square, Pennsylvania, USA

The Standard for Portfolio Management (2008): Project Management Institute, The Standard for Portfolio Management – Second Edition, Newtown Square, Pennsylvania, USA

Stichwortverzeichnis

A

B

C

D

E

I

K

L

M

N

O

P

Q

R

S

T

U

V

W

Z